CADERNO DO FUTURO

Simples e prático

Matemática

4º ano
ENSINO FUNDAMENTAL

IBEP
4ª edição
São Paulo – 2022

Coleção Caderno do Futuro
Matemática 4º ano
© IBEP, 2022

Diretor superintendente	Jorge Yunes
Gerente editorial	Célia de Assis
Editora	Mizue Jyo
Colaboração	Carolina França Bezerra
Revisão	Pamela P. Cabral da Silva
Ilustrações	Ilustra Cartoon, Shutterstock, Laureni Fochetto, Mariana Matsuda Ulhoa Cintra
Produção gráfica	Marcelo Ribeiro
Assistente de produção gráfica	William Ferreira Sousa
Projeto gráfico e capa	Aline Benitez
Diagramação	Gisele Gonçalves

Dados Internacionais de Catalogação na Publicação (CIP) de acordo com ISBD

P289c
   Passos, Célia

      Caderno do Futuro: Matemática / Célia Passos, Zeneide Silva. - São Paulo : IBEP - Instituto Brasileiro de Edições Pedagógicas, 2022.
   160 p. : il. ; 24cm x 30cm. – (Caderno do Futuro ; v.4)

   Inclui índice.
   ISBN: 978-65-5696-296-2 (aluno)
   ISBN: 978-65-5696-297-9 (professor)

   1. Ensino Fundamental Anos Iniciais. 2. Livro didático. 3. Matemática. 4. Astronomia. 5. Meio ambiente. 6. Seres Vivos. 7. Materiais. 8. Prevenção de doenças. I. Silva, Zeneide. II. Título. III. Série.

                                       CDD 372.07
2022-2792   CDU 372.4

Elaborado por Vagner Rodolfo da Silva - CRB-8/9410
Índice para catálogo sistemático:
1. Educação - Ensino fundamental: Livro didático 372.07
2. Educação - Ensino fundamental: Livro didático 372.4

Impressão Leograf - Maio 2024

4ª edição - São Paulo - 2022
Todos os direitos reservados.

IBEP

Rua Gomes de Carvalho, 1306, 11º andar, Vila Olímpia
São Paulo – SP – 04547-005 – Brasil – Tel.: (11) 2799-7799
www.editoraibep.com.br

SUMÁRIO

BLOCO 1 • Revisão 4
NÚMEROS NATURAIS
Ordem crescente e ordem decrescente
Números ordinais
OPERAÇÕES COM OS NÚMEROS NATURAIS
Adição
Verificação da adição
Subtração
Verificação da subtração
Multiplicação
Verificação da multiplicação
Multiplicação por 10, 100, 1000
Divisão
Verificação da divisão

BLOCO 2 • Números 15
SISTEMA DE NUMERAÇÃO DECIMAL
Ordens e classes
Composição e decomposição de números
Reta numérica
Múltiplos de um número natural

BLOCO 3 • Geometria 23
LOCALIZAÇÃO E MOVIMENTAÇÃO
Retas paralelas, retas perpendiculares e retas concorrentes
Ângulo reto
Ruas paralelas, ruas perpendiculares e rua transversal
Planta baixa

BLOCO 4 • Geometria 28
SÓLIDOS GEOMÉTRICOS
Corpos redondos e poliedros
POLIEDROS
Prismas e pirâmides
Poliedros e suas planificações

BLOCO 5 • Números 33
PROPRIEDADES DAS OPERAÇÕES
Propriedades da adição
Propriedades da multiplicação

BLOCO 6 • Geometria 36
ÂNGULO
Ângulo reto, ângulo agudo e ângulo obtuso
FIGURAS CONGRUENTES
SIMETRIA
Figura simétrica
Eixos de simetria
Simetria em uma figura
Simetria em duas figuras

BLOCO 7 • Números 44
MULTIPLICAÇÃO DE NÚMEROS NATURAIS
Adição de parcelas iguais
Disposição retangular
Proporcionalidade
Problemas de contagem: combinações

BLOCO 8 • Pensamento algébrico 52
SEQUÊNCIAS NUMÉRICAS
Sequência recursiva
Regra de formação
Sequência dos múltiplos de um número natural
SENTENÇAS MATEMÁTICAS
Igualdade
CÁLCULO DE NÚMERO DESCONHECIDO
Propriedade da igualdade
Problemas

BLOCO 9 • Grandezas e medidas 61
NOSSO DINHEIRO
Lucro e prejuízo
FORMAS DE PAGAMENTO, DESCONTO, TROCO
Problemas

BLOCO 10 • Números 67
DIVISÃO DE NÚMEROS NATURAIS
Divisor de um número natural
Algoritmo da divisão: 2 algarismos no divisor
Divisão por 10, 100, 1000
Problemas

BLOCO 11 • Números 74
FRAÇÃO
Leitura de frações
Frações decimais
Comparação de frações
Frações equivalentes
Fração de um número natural
Adição de frações
Subtração de frações
Frações na reta numérica

BLOCO 12 • Números 91
NÚMEROS DECIMAIS
Frações decimais: representação decimal
Números decimais na reta numérica
Adição e subtração de números decimais
Multiplicação de números decimaiss
Multiplicação de um número decimal por 10, 100, 1000
Divisão de um número decimal por 10, 100, 1000

BLOCO 13 • Grandezas e medidas .. 104
MEDIDAS DE TEMPO
Horas, minutos e segundos
Intervalos de tempo
Problemas

BLOCO 14 • Grandezas e medidas .. 109
MEDIDAS DE COMPRIMENTO
O metro, o centímetro, o milímetro e o quilômetro
Perímetro
MEDIDAS DE CAPACIDADE
O litro e o mililitro
Problemas
MEDIDAS DE MASSA
O quilograma, o grama e o miligrama
Problemas

BLOCO 15 • Grandezas e medidas .. 122
MEDIDAS DE TEMPERATURA
Temperatura ambiente
Temperatura máxima e temperatura mínima
Variações de temperatura
Gráficos e tabelas
Gráfico de colunas justapostas
TEMPERATURA CORPORAL

BLOCO 16 • Probabilidade e estatística 128
ANÁLISE DE CHANCES
LEITURA DE GRÁFICOS
Gráfico pictórico
Gráficos e tabelas
Coleta de dados em pesquisas

Material de apoio 135

Bloco 1: Revisão

CONTEÚDO

NÚMEROS NATURAIS
- Ordem crescente e ordem decrescente
- Números ordinais

OPERAÇÕES COM OS NÚMEROS NATURAIS
- Adição
- Verificação da adição
- Subtração
- Verificação da subtração
- Multiplicação
- Verificação da multiplicação
- Multiplicação por 10, 100, 1 000
- Divisão
- Verificação da divisão

NÚMEROS NATURAIS

- Partindo do zero e acrescentando sempre uma unidade, temos a sequência dos números naturais, que é infinita.
- Todos os números naturais, a partir do zero, têm um antecessor e um sucessor.

0, 1, 2, 3, 4, 5, ...

1. Represente as quantidades indicadas por meio de algarismos.

- quatorze ☐
- setecentos e trinta ☐
- cento e vinte e oito ☐
- cinquenta e oito ☐
- um mil, trezentos e dez ☐

2. Escreva para cada um dos números o sucessor e o antecessor.

	113	
	90	
	332	
	699	
	1400	
	450	
	999	
	101	
	600	

3. Escreva os números por extenso.

1500 →

1269 →

2658 →

209 →

3780 →

1690 →

5352 →

814 →

995 →

3030 →

7001 →

6629 →

4. Escreva por extenso.

897 →

666 →

374 →

2413 →

1340 →

4202 →

1200 →

3421 →

776 →

5903 →

2580 →

4164 →

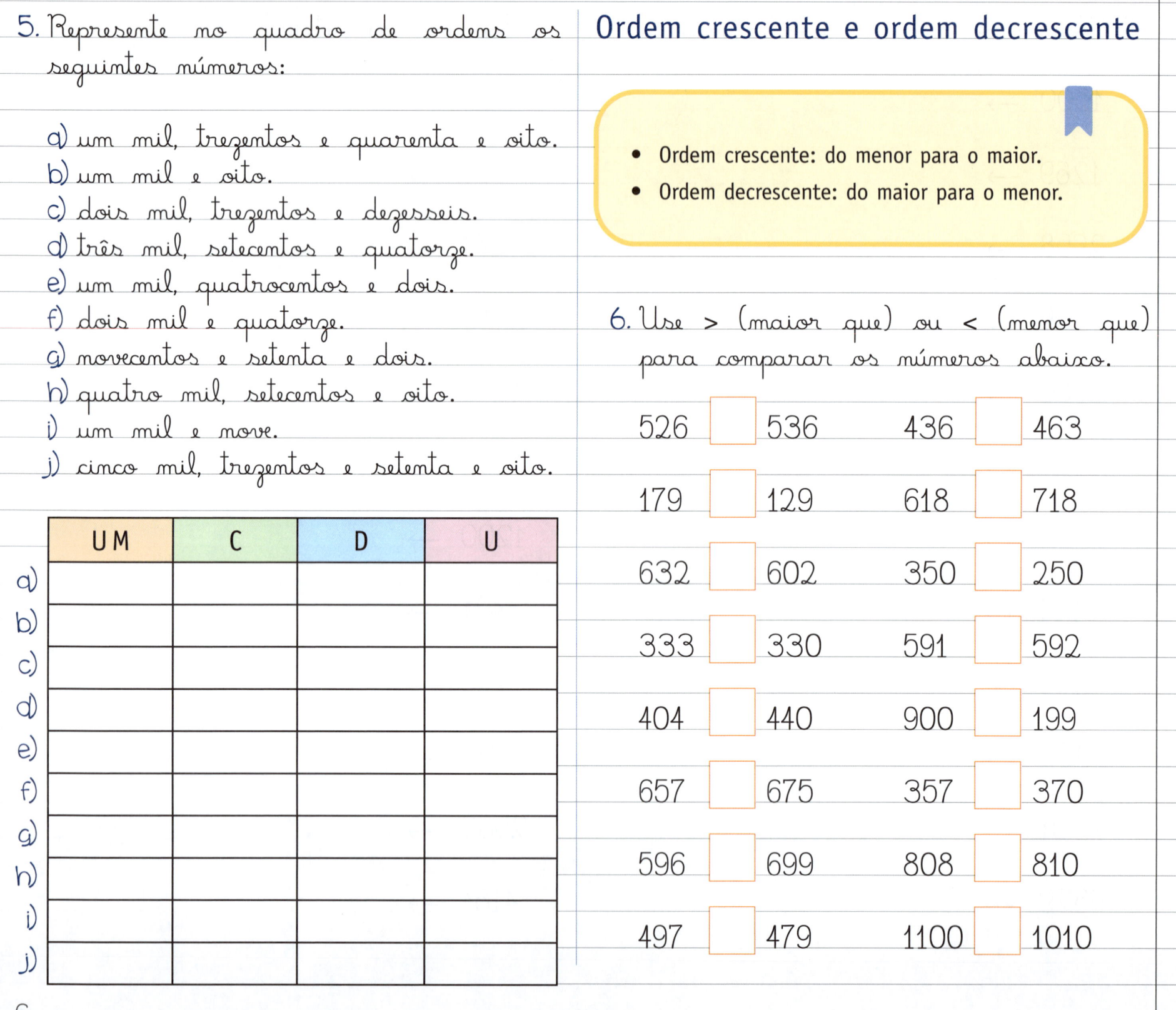

5. Represente no quadro de ordens os seguintes números:

a) um mil, trezentos e quarenta e oito.
b) um mil e oito.
c) dois mil, trezentos e dezesseis.
d) três mil, setecentos e quatorze.
e) um mil, quatrocentos e dois.
f) dois mil e quatorze.
g) novecentos e setenta e dois.
h) quatro mil, setecentos e oito.
i) um mil e nove.
j) cinco mil, trezentos e setenta e oito.

	UM	C	D	U
a)				
b)				
c)				
d)				
e)				
f)				
g)				
h)				
i)				
j)				

Ordem crescente e ordem decrescente

- **Ordem crescente:** do menor para o maior.
- **Ordem decrescente:** do maior para o menor.

6. Use > (maior que) ou < (menor que) para comparar os números abaixo.

526 ☐ 536   436 ☐ 463

179 ☐ 129   618 ☐ 718

632 ☐ 602   350 ☐ 250

333 ☐ 330   591 ☐ 592

404 ☐ 440   900 ☐ 199

657 ☐ 675   357 ☐ 370

596 ☐ 699   808 ☐ 810

497 ☐ 479   1100 ☐ 1010

7. Reescreva os números dos quadros na ordem crescente e na ordem decrescente. Use os símbolos < e >.

24 - 3 - 15 - 21 - 6 - 18 - 9
27 - 12 - 25 - 50 - 45 - 10 - 20
35 - 30 - 40 - 5

180 - 96 - 205 - 148 - 122 - 88
174 - 215 - 321 - 262 - 162 - 250
106 - 375 - 71

Números ordinais

Os números ordinais dão ideia de ordem, lugar ou posição.

10º décimo	20º vigésimo
11º décimo primeiro	30º trigésimo
12º décimo segundo	40º quadragésimo
13º décimo terceiro	50º quinquagésimo
14º décimo quarto	60º sexagésimo
15º décimo quinto	70º septuagésimo
16º décimo sexto	80º octogésimo
17º décimo sétimo	90º nonagésimo
18º décimo oitavo	100º centésimo
19º décimo nono	

8. Observe a posição que cada pessoa ocupa na fila a seguir.

Agora, complete o quadro.

1º				

9. Use algarismos para representar os seguintes ordinais:

☐ décimo sexto
☐ vigésimo nono
☐ trigésimo quinto
☐ quadragésimo oitavo
☐ quinquagésimo
☐ sexagésimo primeiro
☐ décimo sétimo
☐ septuagésimo sexto
☐ vigésimo terceiro
☐ quadragésimo quarto
☐ quinquagésimo segundo
☐ trigésimo oitavo

10. Escreva por extenso.

22º
53º
11º
96º
40º
87º
46º
99º
78º
68º
17º
39º

OPERAÇÕES COM OS NÚMEROS NATURAIS

Adição

Adição	9 ← parcela
Símbolo: +	+ 5 ← parcela
Lê-se: mais	14 ← soma ou total

11. Efetue as adições.

a)
UM	C	D	U
4	9	6	1
3	0	6	9

(+)

b)
UM	C	D	U
7	1	8	4
	5	2	4

(+)

c)
UM	C	D	U
5	3	8	7
3	4	0	8
	7	3	4

(+)

d)
UM	C	D	U
3	4	8	0
2	6	0	5
1	3	6	7

(+)

Verificação da adição

Invertendo a ordem das parcelas e efetuando novamente a adição, o resultado não se altera.

12. Resolva as adições. Verifique se estão corretas.

a) 869 + 459 = ☐

b) 1354 + 781 + 349 = ☐

c) 3720 + 86 + 565 = ☐

Subtração

Subtração   5 ← minuendo
Símbolo: −   − 3 ← subtraendo
Lê-se: menos   2 ← resto ou diferença

Verificação da subtração

Para verificar se uma subtração está certa, fazemos o seguinte: somamos a diferença ao subtraendo. O resultado deve ser o minuendo.

13. Resolva as subtrações.

a)
UM	C	D	U
5	6	5	0
	9	7	4

b)
UM	C	D	U
3	7	0	5
	8	4	6

c)
C	D	U
9	7	1
4	0	9

d)
UM	C	D	U
1	3	7	4
	7	8	9

14. Arme e efetue as subtrações. Depois, verifique se estão corretas.

a) 7840 − 3986 =

b) 4387 − 1263 =

c) 69258 − 47654 =

15. Arme, efetue as subtrações e registre as respostas.

a) 5700 − 2900 = ☐

b) 3498 − 1649 = ☐

c) 2100 − 510 = ☐

d) 2483 − 957 = ☐

e) 5867 − 4429 = ☐

Multiplicação

Multiplicação
Símbolo: X
Lê-se: vezes

$\quad$ 4 ← multiplicando
x 3 ← multiplicador
12 ← produto

fatores

16. Efetue as multiplicações.

UM	C	D	U
	7	3	2
×			5

UM	C	D	U
		2	1	6
×				6

UM	C	D	U
3	1	8	5
×			2

DM	UM	C	D	U
	2	1	4	7
×				6

Verificação da multiplicação

- Dividindo o produto pelo multiplicando, encontramos o multiplicador.
- Dividindo o produto pelo multiplicador, encontramos o multiplicando.

```
  47  ← multiplicando      423 | 47        423 | 9
×  9  ← multiplicador       00   9          00   47
 ───
 423  ← produto
```

17. Arme, efetue as multiplicações e verifique se estão certas.

a) 128 × 5 = ☐

b) 237 × 4 = ☐

c) 328 × 7 = ☐

d) 2479 × 2 = ☐

e) 36 × 3 = ☐

f) 416 × 3 = ☐

g) 641 × 9 = ☐

18. Complete:

	Dobro x2	Triplo x3	Quádruplo x4	Quíntuplo x5
12				
10				
15				
20				
30				
35				
45				
50				
55				
60				

Multiplicação por 10, 100, 1000

Para multiplicar um número natural por 10, 100 ou 1000, basta acrescentar um, dois ou três zeros à direita desse número.

19. Efetue conforme o exemplo.

a) 72 × 10 = 720

b) 25 × 10 =

c) 28 × 10 =

d) 54 × 100 =

e) 32 × 100 =

f) 36 × 100 =

g) 27 × 100 =

h) 40 × 1000 =

i) 36 × 1000 =

13

Divisão

Divisão
Símbolo: ÷
Lê-se: dividido por

dividendo → 24 | 3 ← divisor
              −24 8 ← quociente
                0 ← resto

Verificação da divisão

Numa divisão exata, para verificar se está correta, multiplicamos o divisor pelo quociente e encontramos o dividendo.

20. Efetue as divisões.

348 | 3   3647 | 7

810 | 3   1824 | 8

154 | 2   4950 | 9

2685 | 3   6174 | 7

21. Resolva as divisões e continue verificando se o resultado está certo.

a) 55 | 9   b) 291 | 9

c) 85 | 3   d) 580 | 8

Bloco 2: Números

CONTEÚDO

SISTEMA DE NUMERAÇÃO DECIMAL
- Ordens e classes
- Composição e decomposição de números
- Reta numérica
- Múltiplos de um número natural

Cada 3 ordens formam uma classe com: unidades, centenas, dezenas.

Classe dos milhares			Classe das unidades		
6ª ordem	5ª ordem	4ª ordem	3ª ordem	2ª ordem	1ª ordem
CM	DM	UM	C	D	U
			4	7	1

SISTEMA DE NUMERAÇÃO DECIMAL

O sistema de agrupar unidades de 10 em 10 ficou conhecido como sistema de base 10, também chamado Sistema de Numeração Decimal.

Ordens e classes

Cada algarismo ocupa uma ordem no número. Por exemplo, o número 471 é formado por 3 ordens: unidades, dezenas e centenas.

centenas	dezenas	unidades
4	7	1

1. Complete com atenção.

a) O número 2187 tem ☐ ordens.

b) O algarismo 8 ocupa a ☐ ordem, a das ☐.

c) O algarismo 1 ocupa a ☐ ordem, a das ☐.

d) O algarismo 7 ocupa a ☐ ordem, a das ☐.

2. Complete.

100 unidades = ☐ dezenas

100 unidades = ☐ centena

1 centena = ☐ dezenas

1 centena = ☐ unidades

1 unidade de milhar = ☐ centenas

1 unidade de milhar = ☐ unidades

1 dezena de milhar = ☐ centenas

1 dezena de milhar = ☐ unidades

3. Complete.

1 D = ☐ U

1 C = ☐ D = ☐ U

1 UM = ☐ C = ☐ D = ☐ U

1 DM = ☐ UM = ☐ C = ☐ D = ☐ U

Composição e decomposição de números

4. Decomponha os números, seguindo o exemplo.

3922 → 3000 + 900 + 20 + 2

1865 →

13541 →

5050 →

9700 →

3562 →

6092 →

5. Observe o exemplo e componha os números.

> 3 × 1000 + 6 × 100 + 4 × 10 + 7 × 1 = 3647

a) 2 × 1000 + 7 × 100 + 8 × 10 + 9 × 1 =

b) 7 × 10000 + 3 × 1000 + 5 × 100 + 1 × 1 =

c) 4 × 10000 + 1 × 1000 + 7 × 10 + 9 × 1 =

d) 5 × 10000 + 4 × 100 + 1 × 10 + 8 × 1 =

e) 9 × 1000 + 1 × 1 =

f) 1 × 10000 + 6 × 1000 + 5 × 100 + 4 × 10 =

6. Represente os números no quadro de ordens.

a) onze mil, seiscentos e quarenta e dois
b) cinco mil e vinte e nove
c) novecentos e setenta e oito
d) dois mil, trezentos e oitenta e nove
e) oitocentos e noventa
f) treze mil, quinhentos e trinta e nove
g) vinte mil e cinquenta e sete

	Classe dos milhares			Classe das unidades		
	CM	DM	UM	C	D	U
a)						
b)						
c)						
d)						
e)						
f)						
g)						

7. Escreva por extenso os números.

9 276

7 239

6 565

12 536

25 489

31 708

43 769

51 347

300 000

8. Decomponha os números, seguindo o exemplo.

> 30740 = 3 × 10000 + 7 × 100 + 4 × 10

65789 =

18954 =

27800 =

46801 =

36202 =

45435 =

90800 =

9. Componha os números.

a) 50 000 + 7000 + 400 + 20 + 1

b) 80 000 + 9000 + 100 + 10 + 4

c) 40 000 + 5000 + 800

d) 100 000 + 9000

e) 90 000 + 9000 + 4

f) 10 000 + 1000 + 100

g) 100 000 + 70 000 + 7

h) 60 000 + 700 + 10

Reta numérica

10. Complete as retas numéricas.

100 150 200 ☐ 300 ☐ ☐ 450 500

1000 2000 3000 ☐ ☐

220 230 240 ☐ ☐ 270 280 ☐ ☐

750 800 850 ☐ 950 ☐ ☐ 1100 1150

415 430 ☐ ☐ 475 490 ☐ ☐ 535

Múltiplos de um número natural

> Múltiplo de um número natural é o produto desse número por um número qualquer.
>
> Múltiplos de 2:
>
> 0, 2, 4, 6, 8, 10, 12, ...

11. Complete as frases usando as palavras do quadro.

> zero - múltiplos - produto - infinito

a) Múltiplo de um número natural é o _____ desse número por outro número qualquer.

b) Todos os números naturais são _____ de 1.

c) O _____ é múltiplo de todos os números naturais.

d) O conjunto dos múltiplos de um número natural é _____.

12. Complete com os seis primeiros múltiplos de cada número.

Múltiplos de 6: 0

Múltiplos de 9: 0

Múltiplos de 15: 0

Múltiplos de 12: 0

Múltiplos de 8: 0

Múltiplos de 10: 0

Múltiplos de 3: 0

13. Represente os 7 primeiros múltiplos de:

a) 7

M(7) =

b) 3

M(3) =

c) 14

M(14) =

d) 20
m(20)=

e) 4
m(4) =

f) 5
m(5) =

g) 25
m(25)=

- 24 é múltiplo de 12. ☐
- 36 é múltiplo de 9. ☐
- 31 é múltiplo de 6. ☐
- 22 é múltiplo de 7. ☐
- 81 é múltiplo de 6. ☐
- 91 é múltiplo de 3. ☐

14. Escreva V (verdadeiro) ou F (falso) para cada uma das sentenças.

- 15 é múltiplo de 3. ☐
- 20 é múltiplo de 7. ☐
- 27 é múltiplo de 9. ☐
- 18 é múltiplo de 6. ☐
- 20 é múltiplo de 3. ☐
- 18 é múltiplo de 8. ☐

15. Dos números do quadro, quais são os múltiplos de 6 e por quê?

| 72 | 45 | 12 | 27 | 36 |
| | 54 | | 78 | |

Porque:

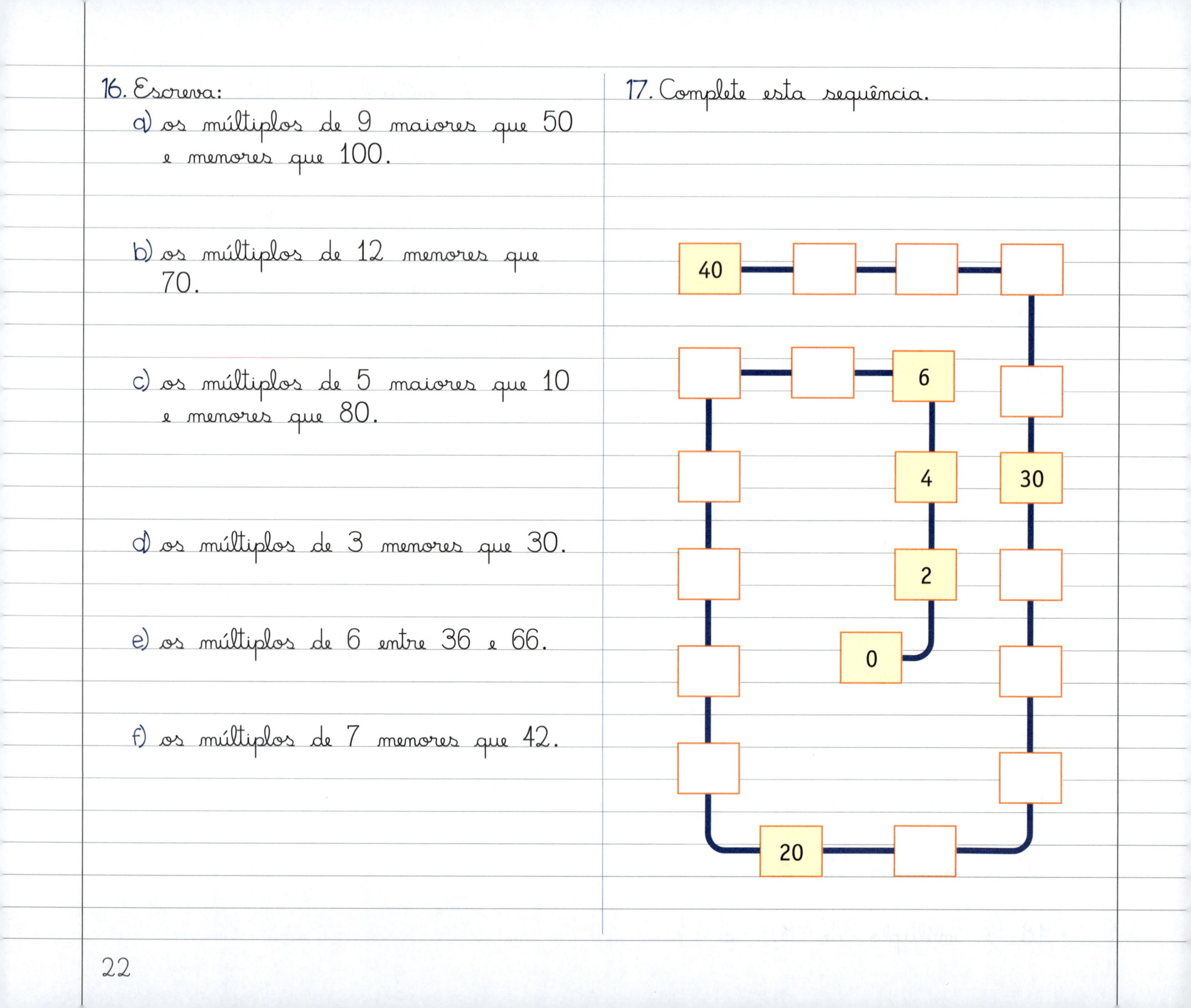

16. Escreva:
   a) os múltiplos de 9 maiores que 50 e menores que 100.

   b) os múltiplos de 12 menores que 70.

   c) os múltiplos de 5 maiores que 10 e menores que 80.

   d) os múltiplos de 3 menores que 30.

   e) os múltiplos de 6 entre 36 e 66.

   f) os múltiplos de 7 menores que 42.

17. Complete esta sequência.

[Sequência numérica iniciando em 40, passando por 30, 20, ... e valores internos 6, 4, 2, 0]

Bloco 3: Geometria

CONTEÚDO

LOCALIZAÇÃO E MOVIMENTAÇÃO

- Retas paralelas, retas perpendiculares e retas concorrentes
- Ângulo reto
- Ruas paralelas, ruas perpendiculares e rua transversal
- Planta baixa

Retas paralelas

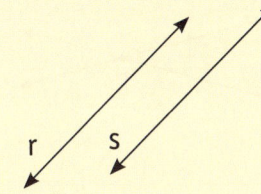

r   s

Retas paralelas nunca se encontram por mais que se prolonguem, e não se cruzam em nenhum ponto.

Retas concorrentes

p   P
q

As retas p e q se cruzam no ponto P.

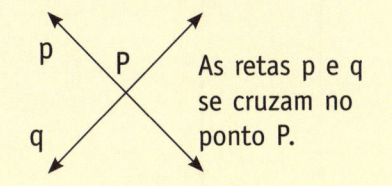

Retas concorrentes se cruzam em um ponto.

LOCALIZAÇÃO E MOVIMENTAÇÃO

Retas paralelas, retas perpendiculares e retas concorrentes

Reta

A reta é uma linha infinita sem começo, sem fim e sem espessura.
É representada por meio de uma linha reta com setas nas extremidades e nomeada pelas letras minúsculas do nosso alfabeto.

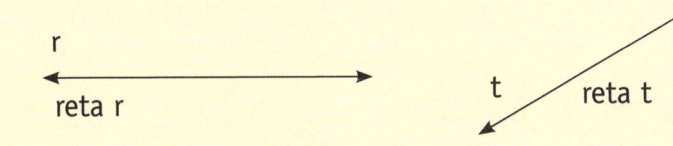

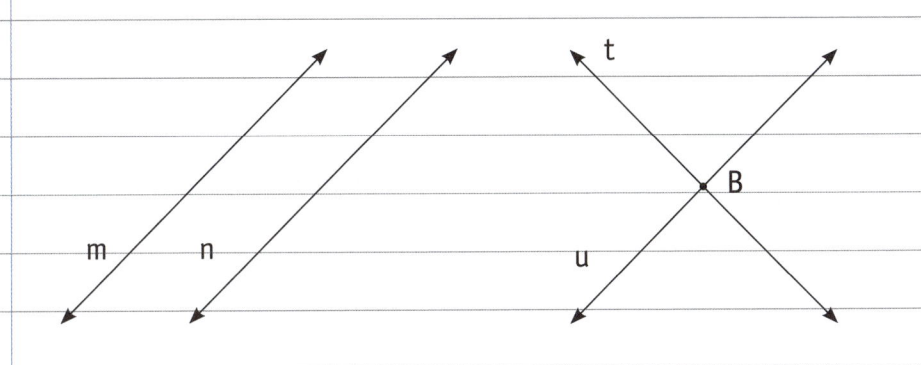

r
reta r

t   reta t

1. Classifique as retas em paralelas ou concorrentes.

m   n

t
B
u

Ângulo reto

Quando duas retas se cruzam de modo a formar 4 ângulos de mesma medida, dizemos que as retas são perpendiculares e os 4 ângulos são retos (medem 90 graus).

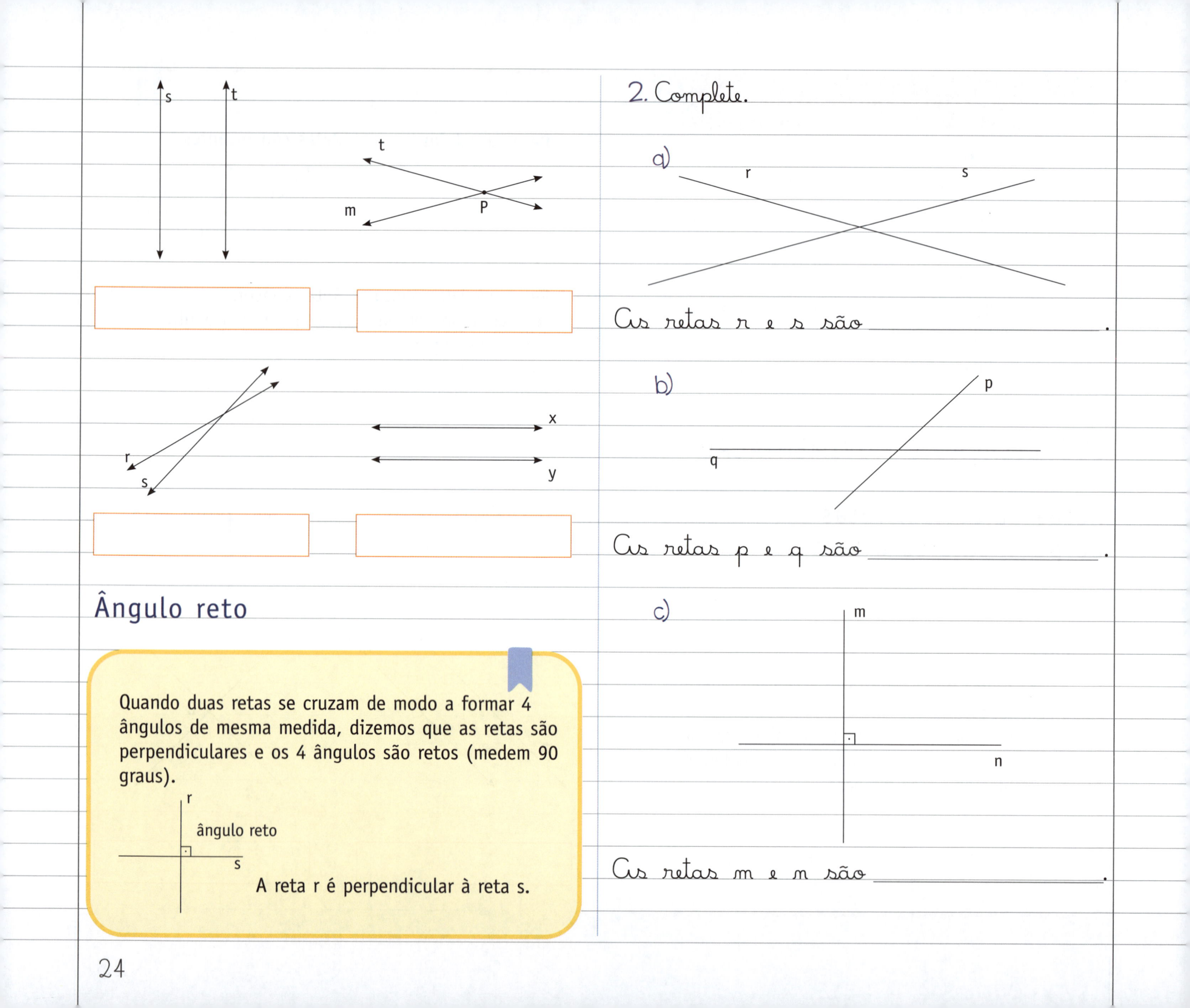

ângulo reto

A reta r é perpendicular à reta s.

2. Complete.

a) As retas r e s são _____.

b) As retas p e q são _____.

c) As retas m e n são _____.

24

Ruas paralelas, ruas perpendiculares e rua transversal

Observe este mapa de um trecho da cidade.

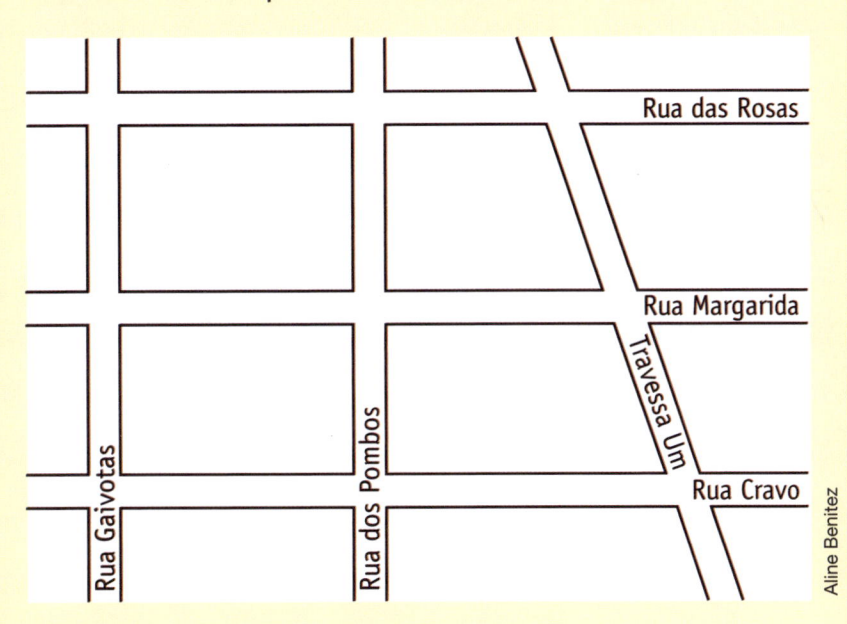

- A Rua das Rosas e a Rua Margarida são **paralelas**.
- A Rua Cravo é **transversal** à Travessa Um.

3. Observe o mapa anterior e responda.

a) Cite uma rua paralela à Rua Gaivotas.

b) Cite uma rua perpendicular à Rua Gaivotas.

c) Cite uma rua transversal à Travessa Um.

4. Este é o trecho de um mapa de um bairro da cidade de São Paulo.

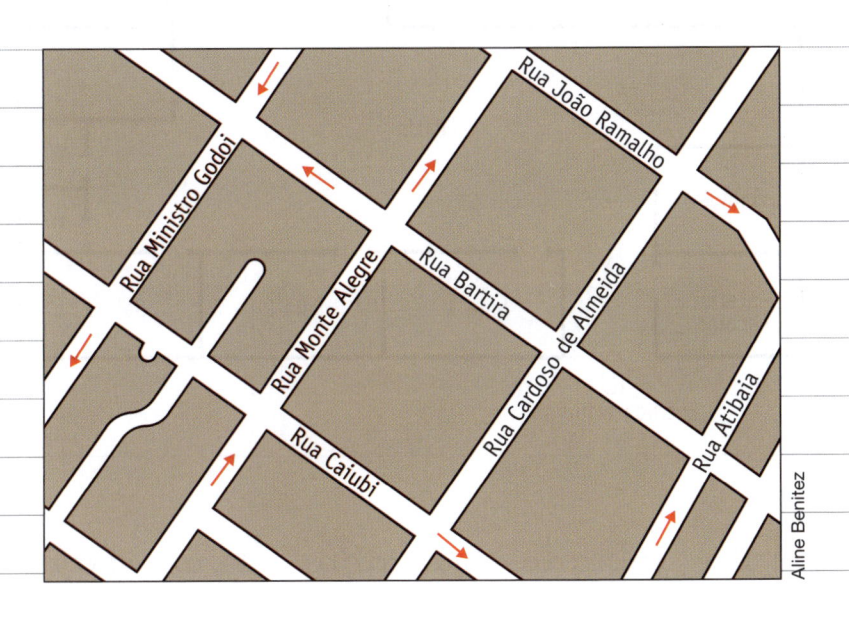

Escreva o nome de uma rua paralela à rua Monte Alegre.

25

Planta baixa

> Planta baixa é um desenho técnico. Nela é possível visualizar o ambiente como se estivesse olhando de cima, sem o telhado.

Veja na figura como é a planta baixa de uma parte da escola de Sara.

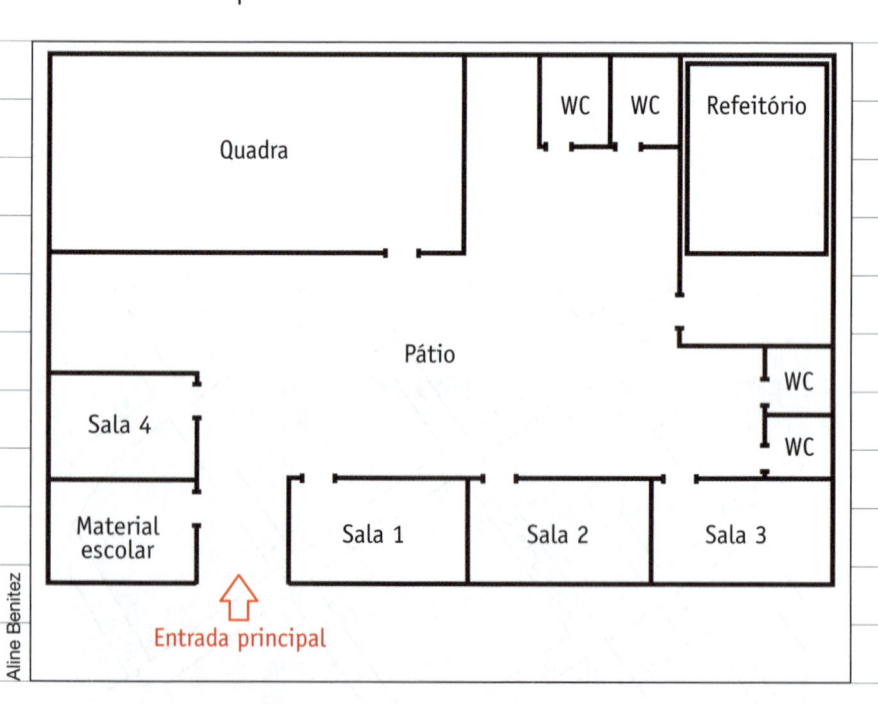

5. Pela entrada indicada, Sara chega inicialmente ao _____.

6. Qual é o caminho que Sara vai fazer para chegar à sala de aula? Ela estuda na sala 2.

7. Saindo da sala 2, qual caminho Sara deve seguir para chegar à quadra?

8. Descreva onde ficam guardados os materiais escolares.

9. Descreva a localização dos banheiros.

10. Desenhe a planta baixa de sua casa localizando os cômodos e as dependências principais.

Bloco 4: Geometria

CONTEÚDO
SÓLIDOS GEOMÉTRICOS
- Corpos redondos e poliedros

POLIEDROS
- Prismas e pirâmides
- Poliedros e suas planificações

SÓLIDOS GEOMÉTRICOS

Conhecemos os seguintes sólidos geométricos.

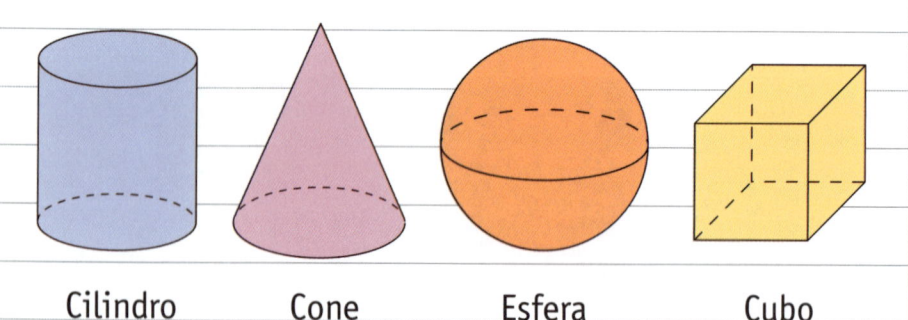

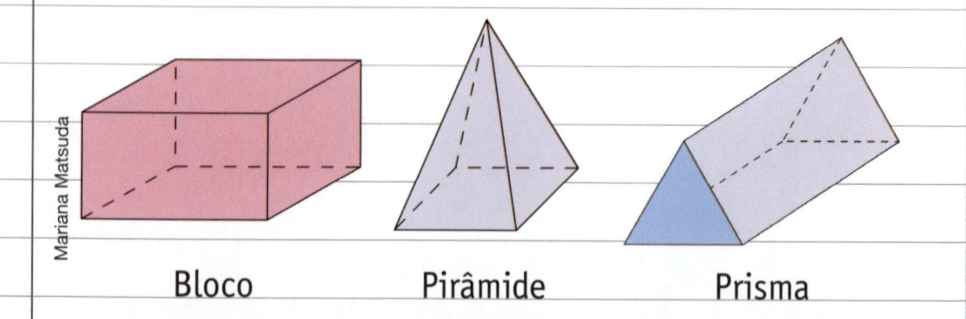

Cilindro   Cone   Esfera   Cubo

Bloco   Pirâmide   Prisma

Corpos redondos e poliedros

Esses sólidos podem ser separados em 2 grupos conforme a sua superfície.

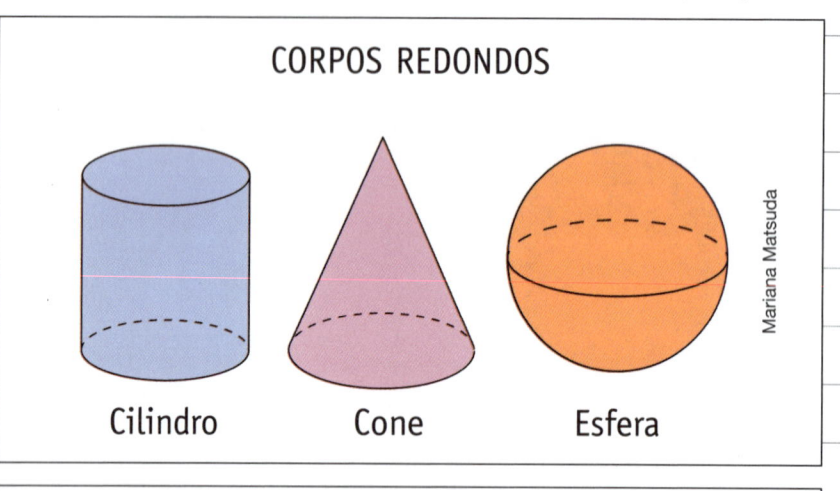

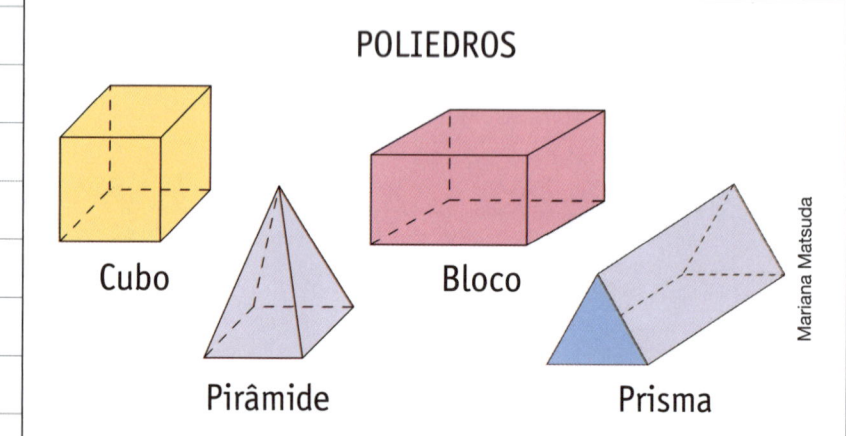

CORPOS REDONDOS

Cilindro   Cone   Esfera

POLIEDROS

Cubo   Bloco

Pirâmide   Prisma

- Corpos redondos: são os sólidos que têm superfície curva.
- Poliedros: são os sólidos formados por superfícies planas.

POLIEDROS

Veja os elementos básicos que formam os poliedros.

- O encontro de duas faces forma uma **aresta**.
- O encontro de várias arestas forma um **vértice**.

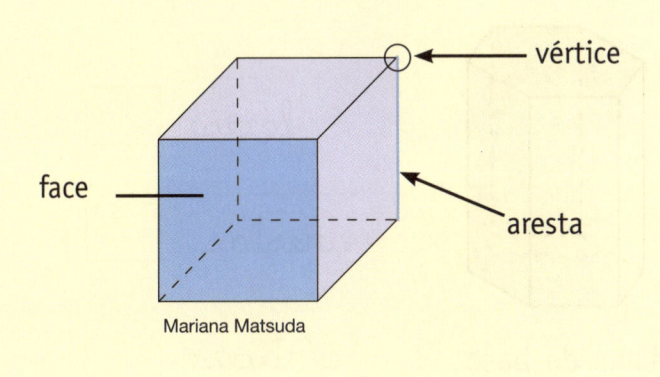

Mariana Matsuda

1. Complete.

a) Uma caixa como esta lembra um cubo. O cubo tem:
☐ faces, ☐ arestas e ☐ vértices.

b) O formato desta embalagem lembra um: _____

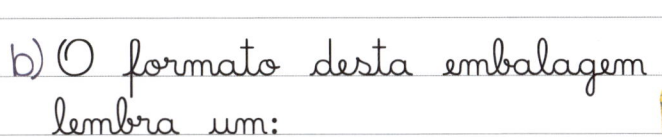

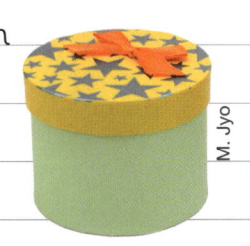

c) O formato desta embalagem lembra um _____
O cone é um _____

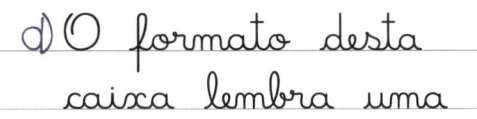

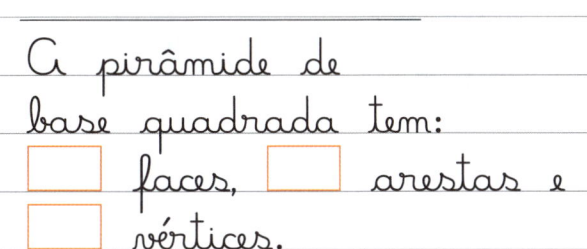

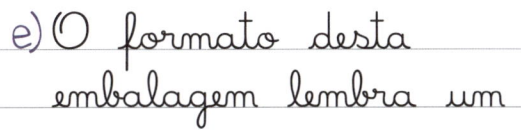

d) O formato desta caixa lembra uma _____
A pirâmide de base quadrada tem:
☐ faces, ☐ arestas e ☐ vértices.

e) O formato desta embalagem lembra um _____

f) O formato desta embalagem lembra um _____
O bloco tem:
☐ faces, ☐ arestas e ☐ vértices.

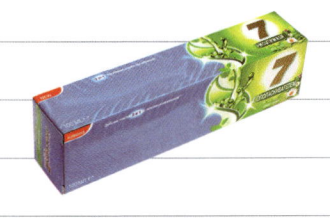

Prismas e pirâmides

Prismas são sólidos geométricos que têm bases paralelas, formadas por polígonos (triângulo, quadrado, pentágono etc.), e as faces laterais são retângulos.

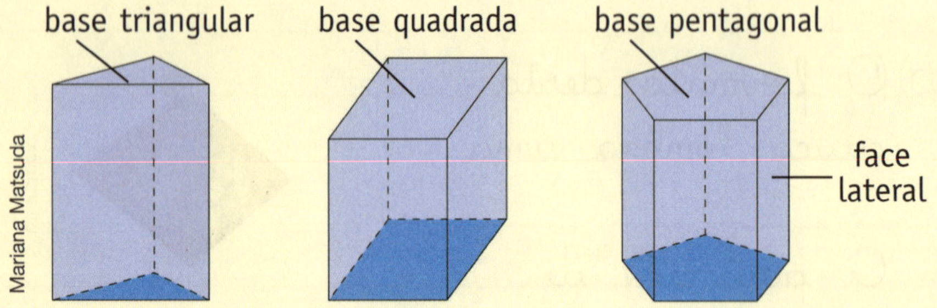

base triangular   base quadrada   base pentagonal

face lateral

2. Observe estes prismas.
   Em cada prisma, identifique o número de faces, vértices e arestas.

a) prisma de base triangular

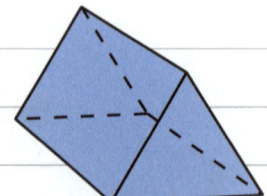

faces: ☐
arestas: ☐
vértices: ☐

b) prisma de base pentagonal

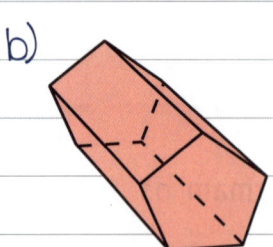

faces: ☐
arestas: ☐
vértices: ☐

c) prisma de base hexagonal

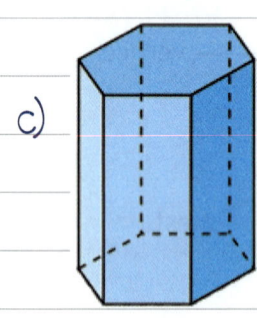

faces: ☐
arestas: ☐
vértices: ☐

Pirâmides são sólidos geométricos que têm como base um polígono (triângulo, quadrado, pentágono etc.), e as faces laterais são triângulos. O vértice da pirâmide fica no lado oposto à base.

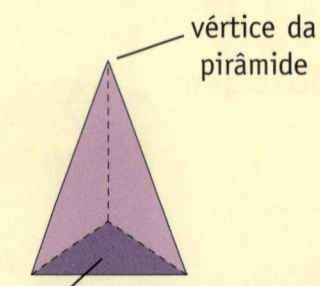

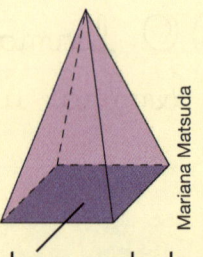

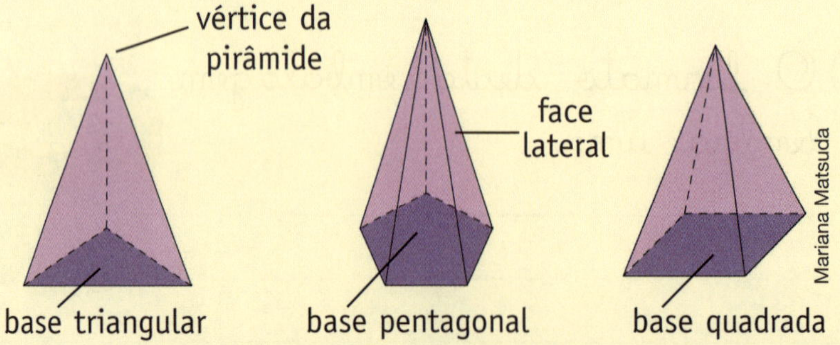

vértice da pirâmide

face lateral

base triangular   base pentagonal   base quadrada

3. Observe estas pirâmides.
Em cada pirâmide, identifique o número de faces, vértices e arestas.

- Pirâmide de base triangular
  ___ faces
  ___ vértices
  ___ arestas

- Pirâmide de base quadrada
  ___ faces
  ___ vértices
  ___ arestas

- Pirâmide de base pentagonal
  ___ faces
  ___ vértices
  ___ arestas

- Pirâmide de base hexagonal
  ___ faces
  ___ vértices
  ___ arestas

Poliedros e suas planificações

4. Associe os poliedros às suas planificações.

Cubo

Prisma

Pirâmide

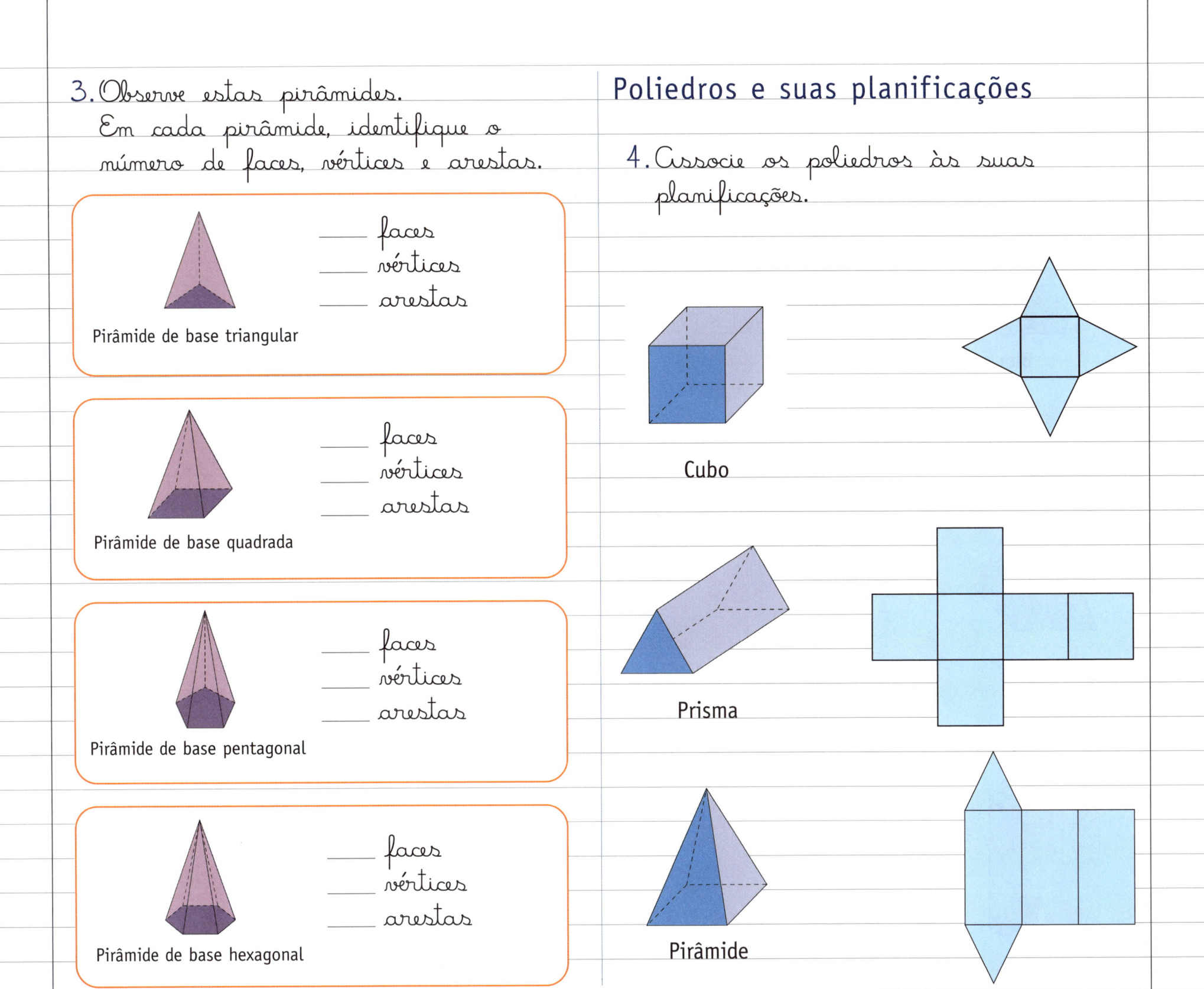

31

5. Associe os poliedros às suas planificações.

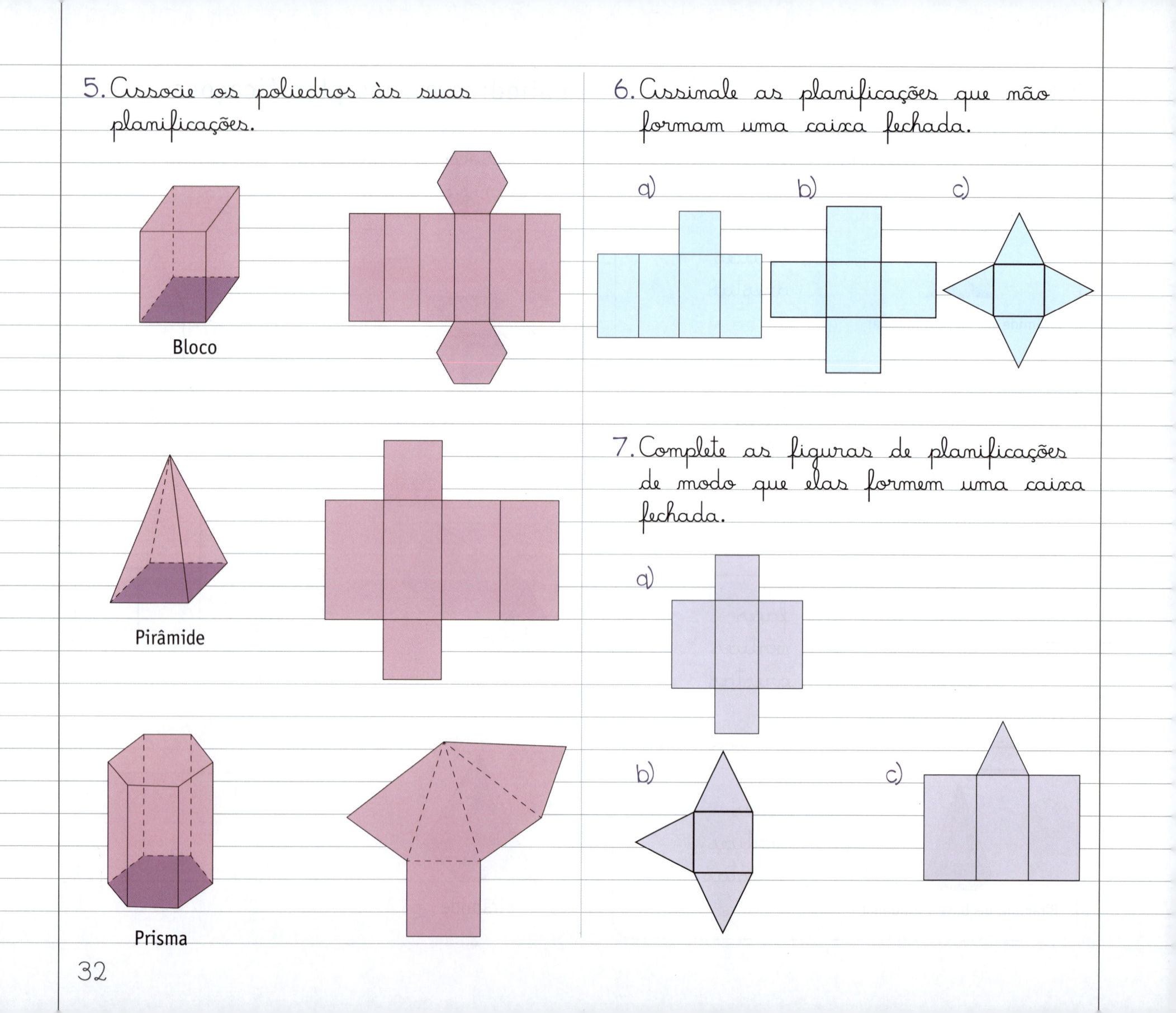

Bloco

Pirâmide

Prisma

6. Assinale as planificações que não formam uma caixa fechada.

a) b) c)

7. Complete as figuras de planificações de modo que elas formem uma caixa fechada.

a)

b) c)

Bloco 5: Números

CONTEÚDO

PROPRIEDADES DAS OPERAÇÕES
- Propriedades da adição
- Propriedades da multiplicação

PROPRIEDADES DAS OPERAÇÕES

Propriedades da adição

- Trocando-se a ordem das parcelas de uma adição, a soma não se altera.

  $9 + 3 = 3 + 9$

- Associando-se as parcelas de uma adição de modos diferentes, o resultado não se altera.

  $(7 + 9) + 3 = (7 + 3) + 9$

- Adicionando-se zero a qualquer número natural, o resultado é sempre o próprio número natural.

  $7 + 0 = 7$

- Subtraindo do total uma das parcelas, encontra-se a outra parcela.

1. Escreva cada adição de três parcelas de um modo diferente e resolva as operações.

a) $9 + 5 + 2 =$

b) $6 + 8 + 1 =$

c) $3 + 7 + 4 =$

d) $1 + 6 + 3 =$

e) $4 + 3 + 9 =$

f) $7 + 8 + 3 =$

g) $9 + 8 + 1 =$

2. Associe duas parcelas em uma só e resolva.

a) 7 + 9 + 3 =

b) 4 + 7 + 12 =

c) 15 + 5 + 10 =

d) 24 + 6 + 8 =

e) 10 + 12 + 3 =

f) 12 + 8 + 10 =

g) 3 + 15 + 5 =

h) 11 + 5 + 4 =

i) 6 + 10 + 17 =

j) 20 + 3 + 7 =

k) 2 + 8 + 13 =

Propriedades da multiplicação

- Associando-se os fatores de uma multiplicação de modos diferentes, o produto não se altera.

    2 x (5 x 3) = (2 x 5) x 3

- Trocando-se a ordem dos fatores em uma multiplicação, o produto não se altera.

    3 x 7 = 7 x 3

- Multiplicando-se qualquer número natural por 1, esse número não se altera.

    7 x 1 = 7

3. Complete.

a) 7 x 50 = 50 x ____

b) (62 x 4) x 9 =   62 x ____

c) 99 x 1 = ____

d) 50 x 3 x 20 =   50 x ____

e) 80 x 3 = 3 x ____

34

4. Resolva, associando os fatores.

a) 50 × 1 × 9 =

b) 60 × 8 × 5 =

c) 9 × 50 + 2 =

d) 4 × 30 × 5 =

e) 3 × 5 × 10 =

f) 4 × 8 × 5 =

5. Complete.

a) 5 × 72 × 2 = 72 × ____ = ____

b) 4 × 25 × 20 = ____ × 20 = ____

c) 4 × 15 × 20 = ____ × 15 = ____

d) 25 × 10 × 4 = 10 × ____ = ____

e) 9 × 35 × 2 = 9 × ____ = ____

f) 8 × 50 × 7 = ____ × 7 = ____

g) 12 × 5 × 90 = ____ × 90 = ____

h) 100 × 13 × 3 = 100 × ____ = ____

i) 800 × 5 × 8 = ____ × 40 = ____

Bloco 6: Geometria

CONTEÚDO

ÂNGULO
- Ângulo reto, ângulo agudo e ângulo obtuso

FIGURAS CONGRUENTES

SIMETRIA
- Figura simétrica
- Eixos de simetria
- Simetria em uma figura
- Simetria em duas figuras

Elementos de um ângulo

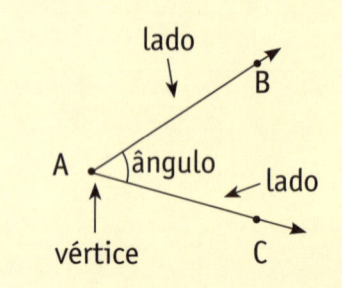

- ângulo: BÂC
- vértice: A
- lados: semirreta $\overrightarrow{AB}$ e semirreta $\overrightarrow{AC}$

ÂNGULO

Ideia de ângulo

O giro dado pelo ponteiro de um relógio nos dá a ideia de **ângulo**.

- 12 horas — ângulo nulo (zero grau)
- 3 horas — ângulo de um quarto de volta (90 graus) 
- 6 horas — ângulo de meia volta (180 graus) 

1. Complete as frases com as palavras do quadro.

ângulo   vértice   lados

a) Um _____ é formado por duas semirretas que partem do mesmo ponto.

b) O ponto onde as semirretas se encontram é o _____.

c) Os _____ do ângulo são formados pelas duas semirretas.

2. Identifique os lados e o vértice de cada ângulo.

a) 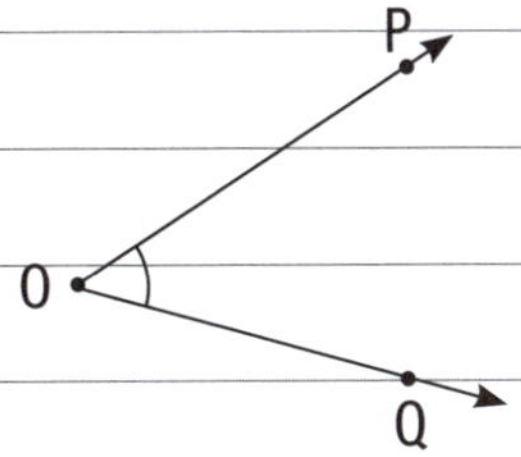
lados:
vértice:

b) 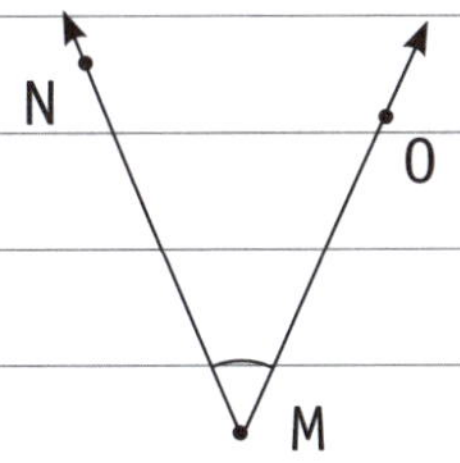
lados:
vértice:

c) 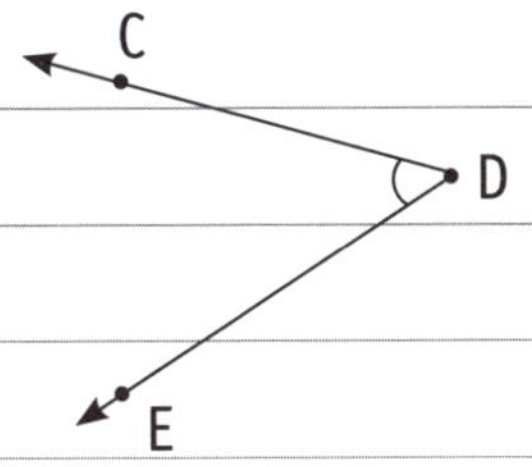
lados:
vértice:

d) 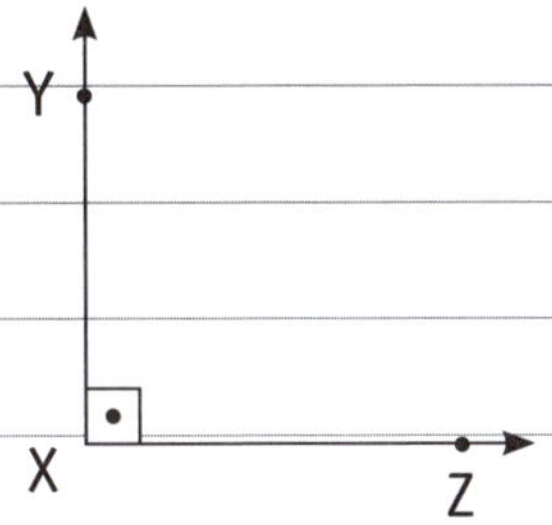
lados:
vértice:

e) 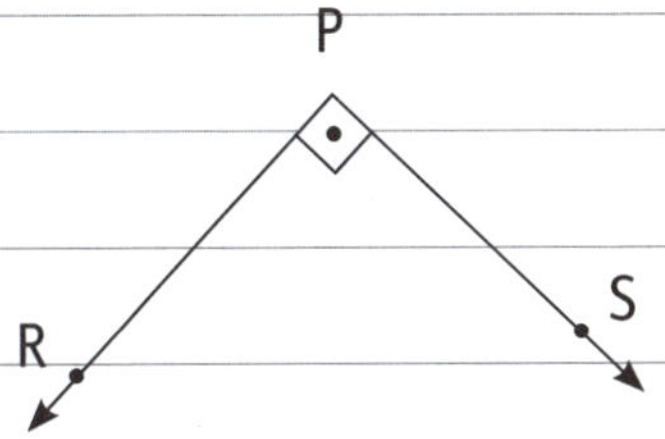
lados:
vértice:

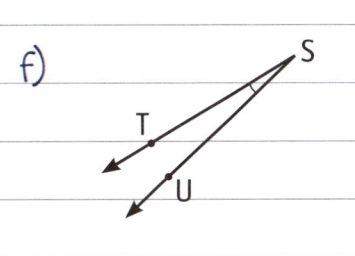

f)
lados:
vértice:

Ângulo reto, ângulo agudo e ângulo obtuso

Quando duas retas concorrentes se cruzam formando 4 ângulos iguais, dizemos que as retas são **perpendiculares**. E o ângulo formado é chamado **ângulo reto**.

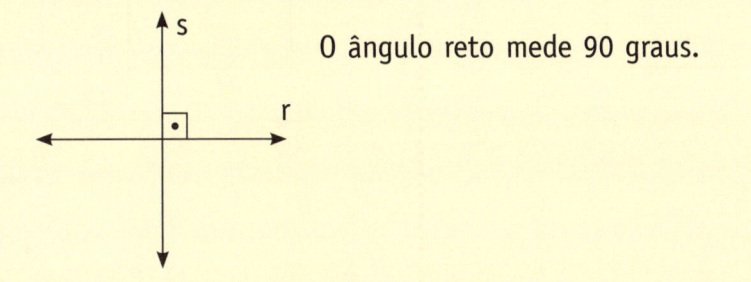

O ângulo reto mede 90 graus.

- Ângulos menores do que o ângulo reto são chamados de **ângulos agudos**.
- Ângulos maiores do que o ângulo reto são chamados de **ângulos obtusos**.

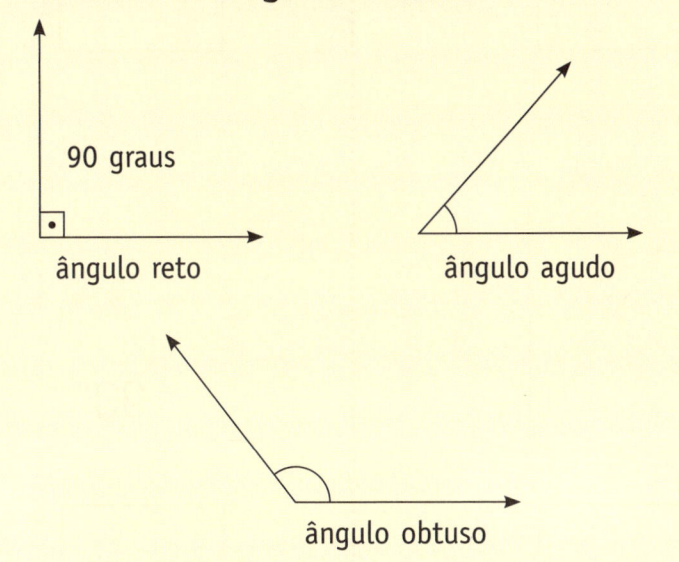

90 graus

ângulo reto

ângulo agudo

ângulo obtuso

37

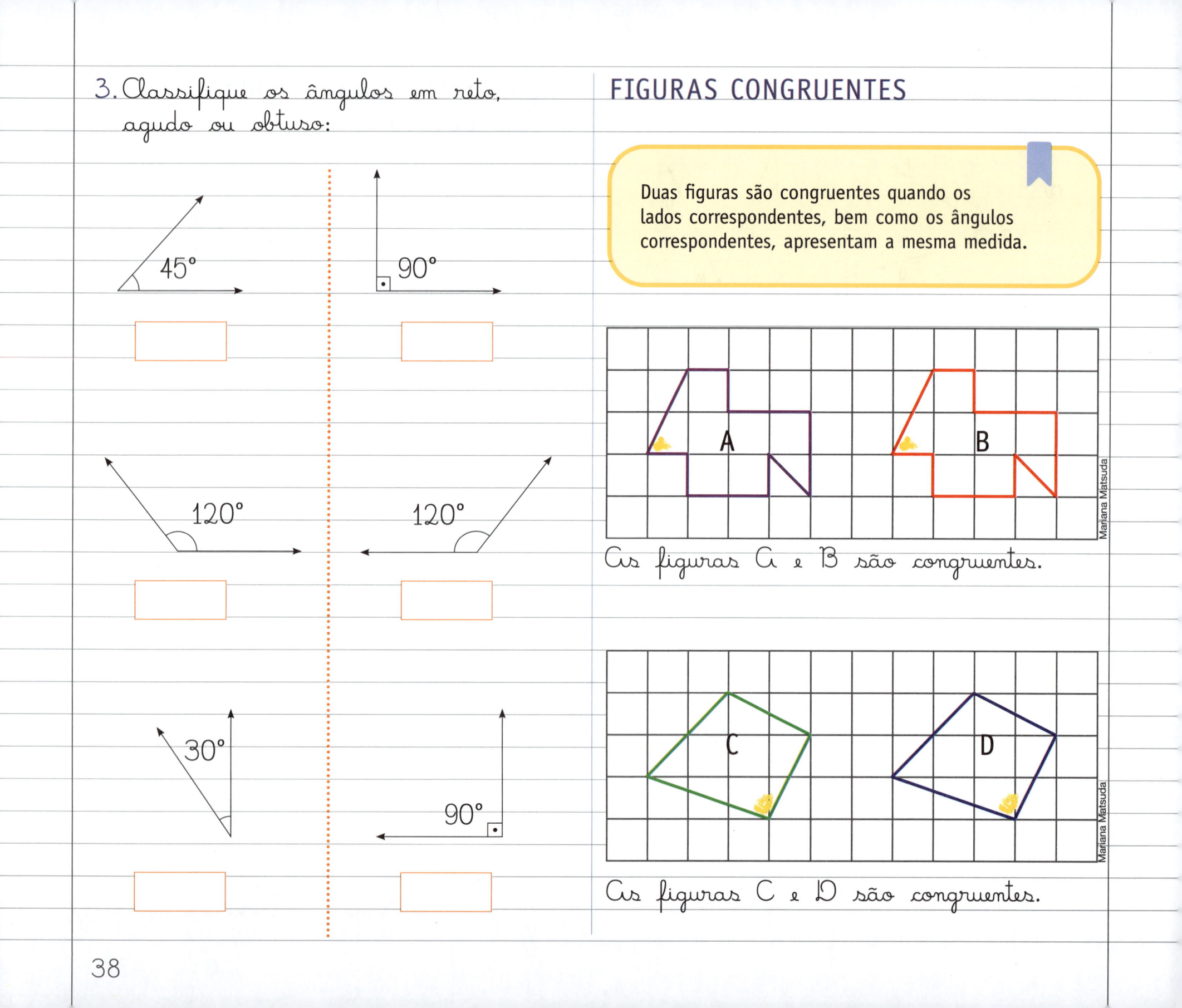

3. Classifique os ângulos em reto, agudo ou obtuso:

45°

90°

120°

120°

30°

90°

FIGURAS CONGRUENTES

Duas figuras são congruentes quando os lados correspondentes, bem como os ângulos correspondentes, apresentam a mesma medida.

A   B

As figuras A e B são congruentes.

C   D

As figuras C e D são congruentes.

38

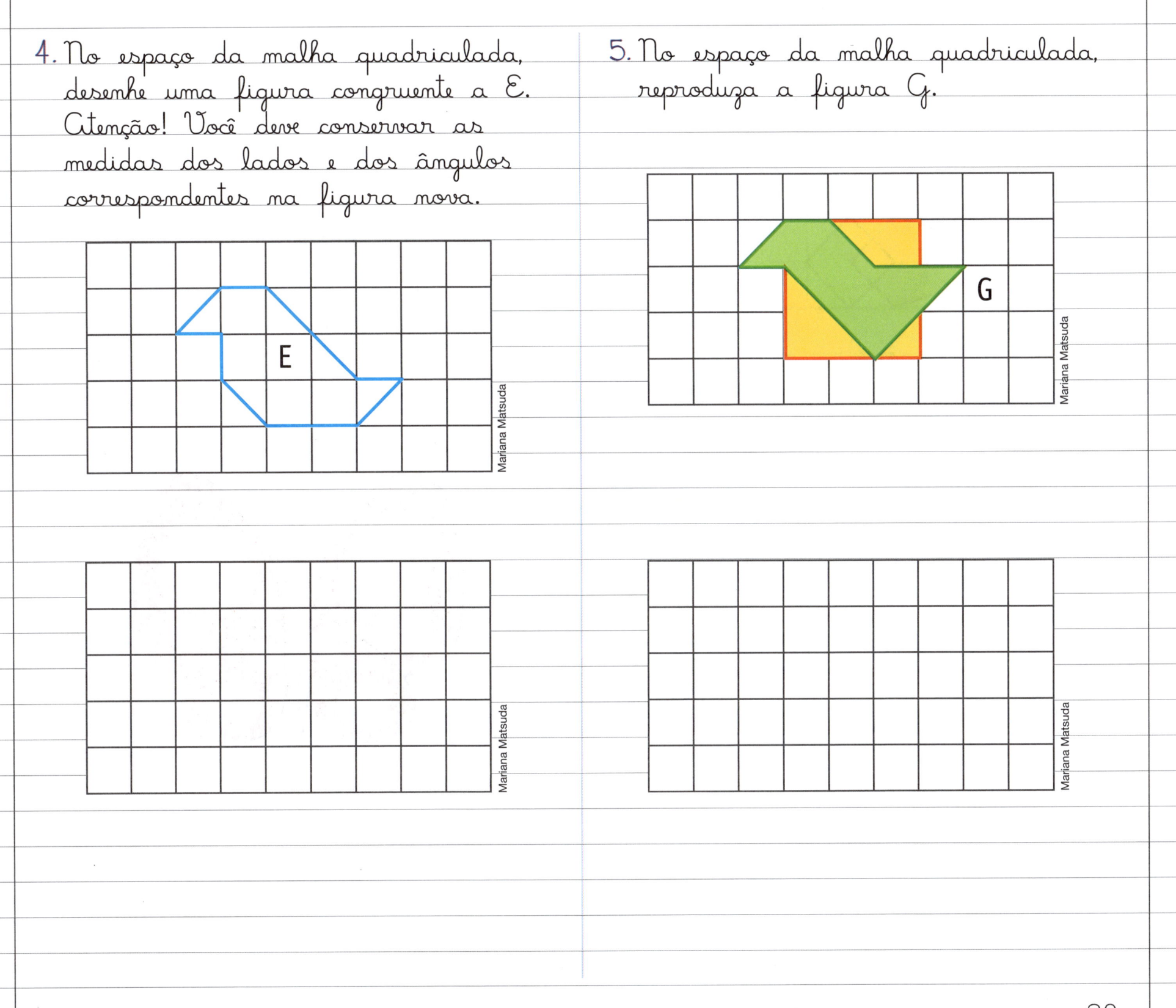

4. No espaço da malha quadriculada, desenhe uma figura congruente a E. Atenção! Você deve conservar as medidas dos lados e dos ângulos correspondentes na figura nova.

5. No espaço da malha quadriculada, reproduza a figura G.

39

6. No espaço da malha quadriculada, reproduza a figura M.

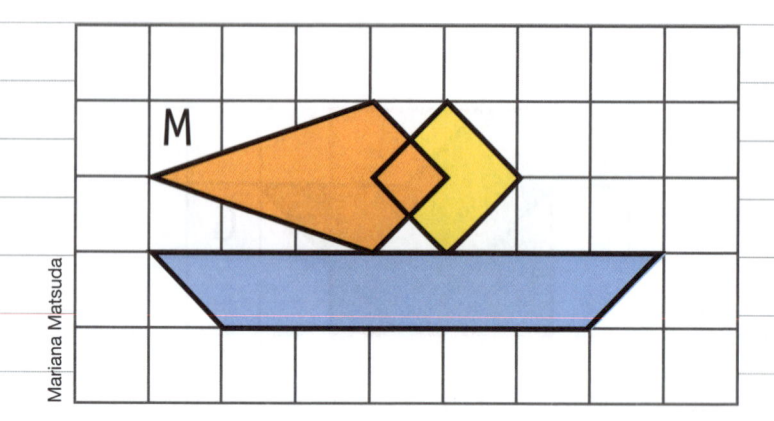

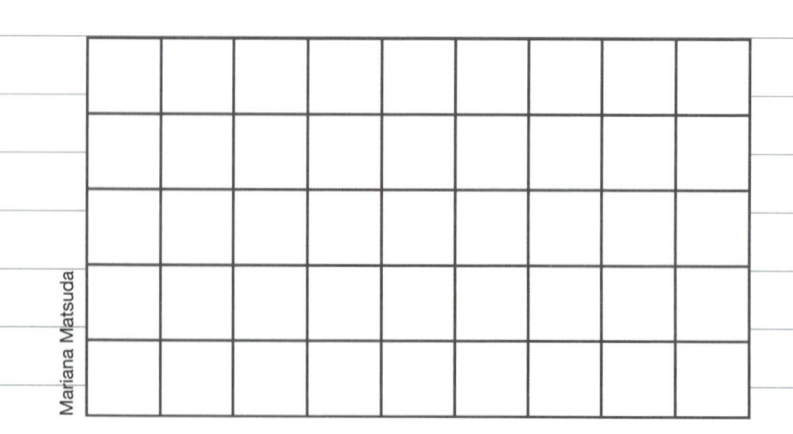

SIMETRIA

Figura simétrica

Uma figura é simétrica quando um eixo central a divide em duas partes iguais e simétricas.

eixo de simetria

7. Desenhe a outra metade da figura, usando a linha ℓ como eixo de simetria.

a)

b)

c)

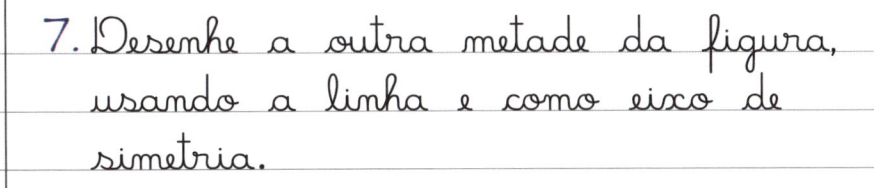

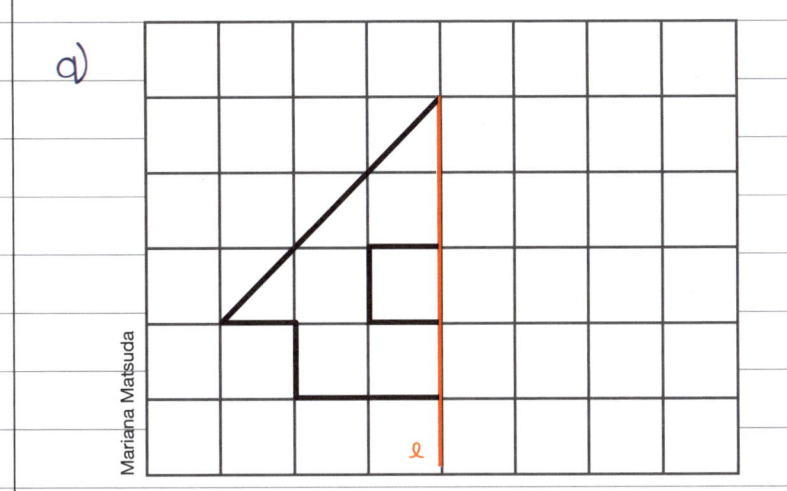

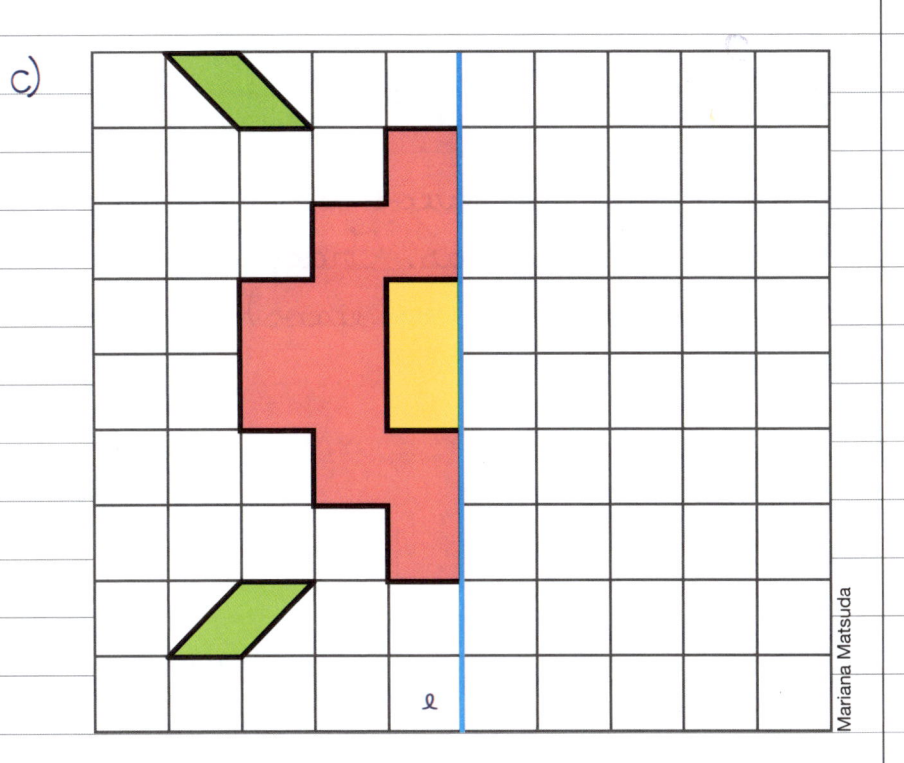

Eixos de simetria

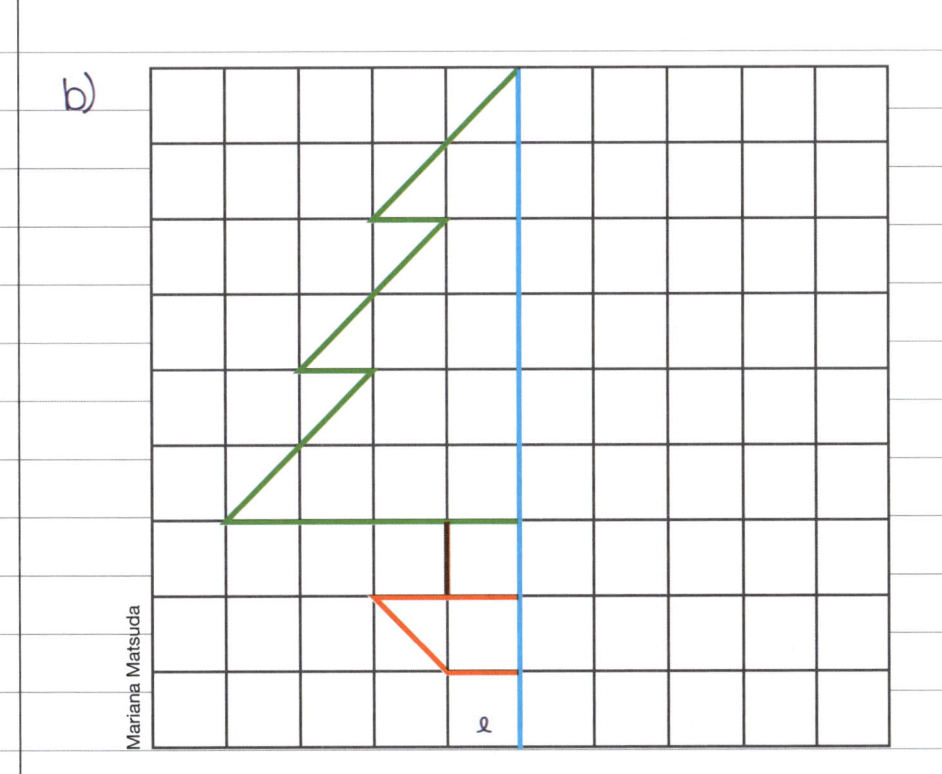

Uma figura pode ter mais de um eixo de simetria, ou não possuir simetria.
Por exemplo, o quadrado tem 4 eixos de simetria, e o retângulo tem apenas 2.

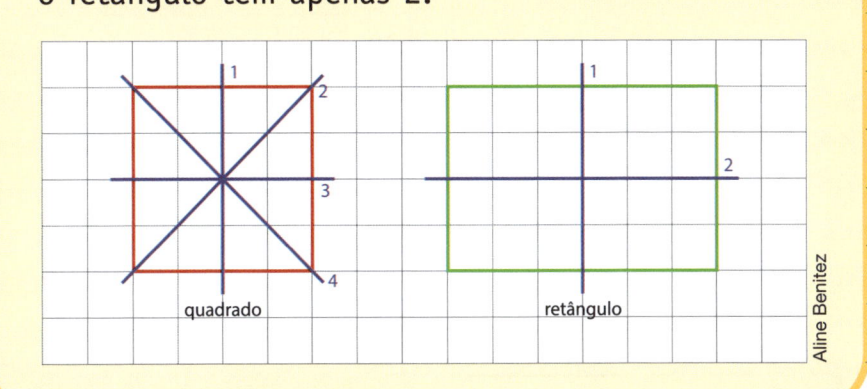

quadrado   retângulo

41

Simetria em uma figura

8. Diga quantos eixos de simetria têm estas figuras. Trace o eixo de simetria (ou os eixos) se eles existirem.

_____ eixos

_____ eixos

_____ eixos

_____ eixos

_____ eixos

9. Esta figura tem simetria? Trace os eixos de simetria, se tiver.

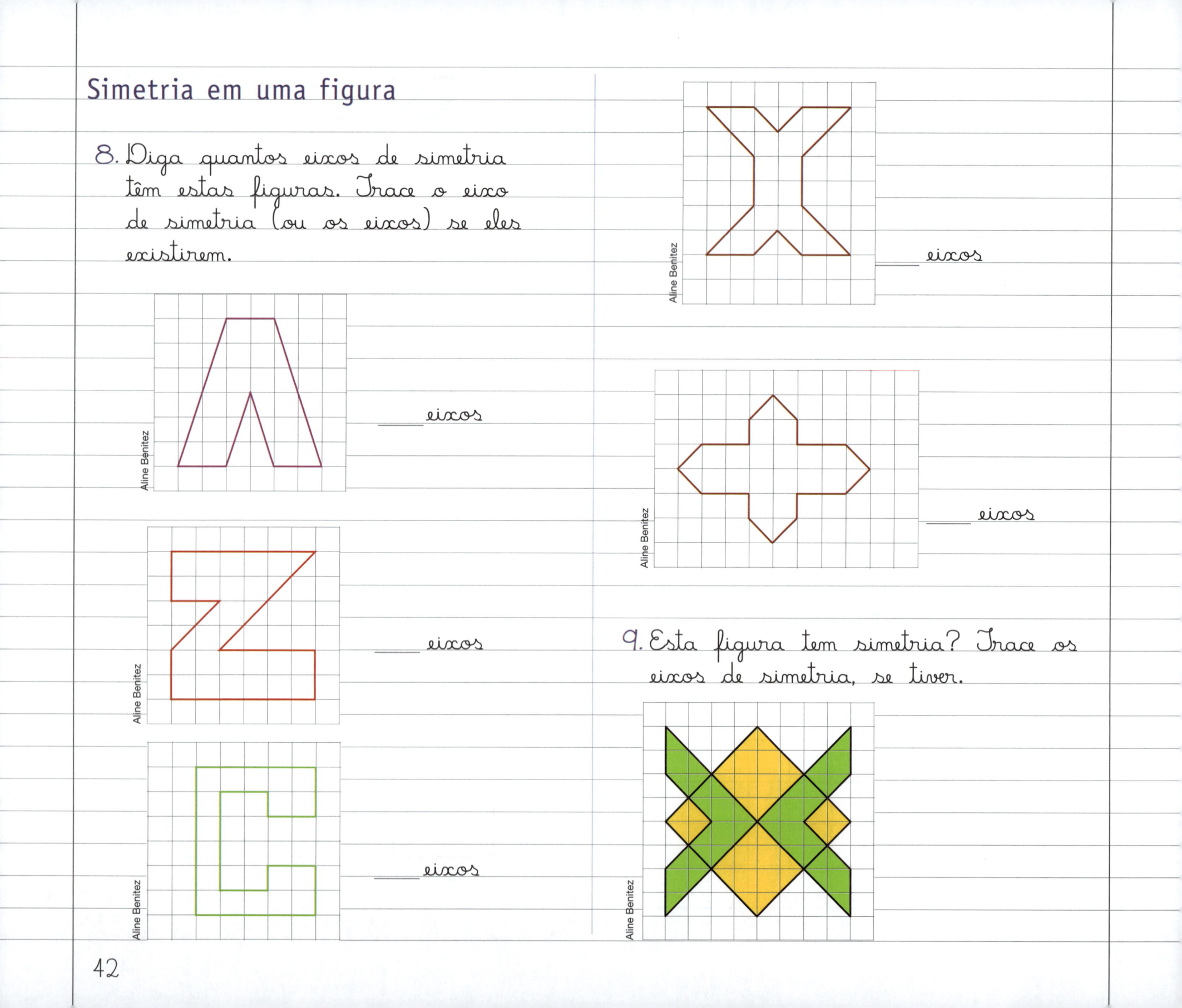

10. Quantos eixos de simetria tem esta figura? Trace todos os eixos.

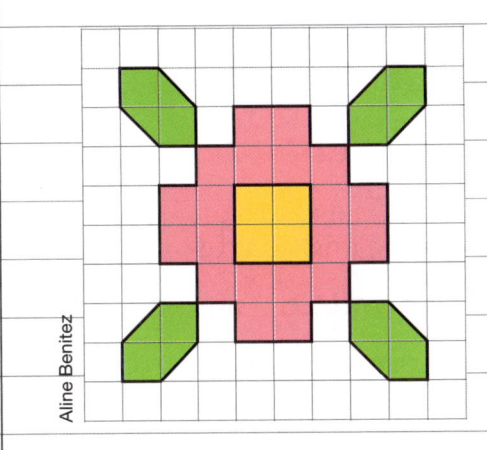

Simetria em duas figuras

11. Desenhe uma figura simétrica à figura A, em relação ao eixo e.

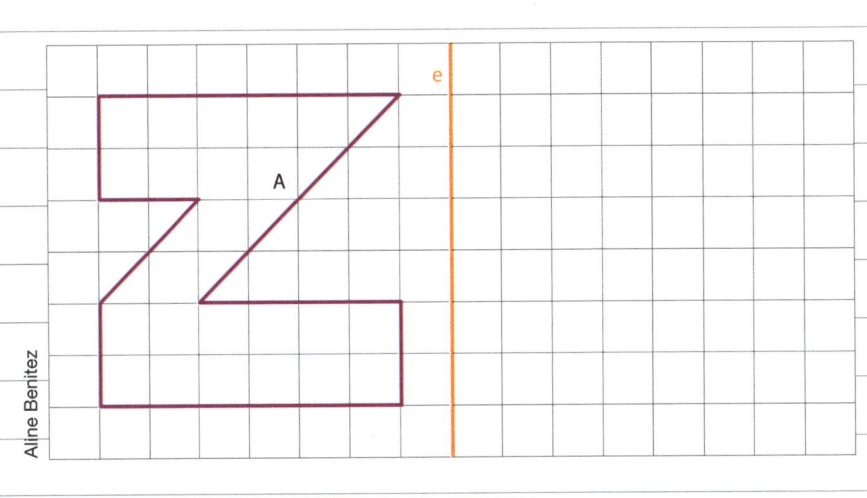

12. Desenhe uma figura simétrica à figura B, em relação ao eixo e. Pinte a figura formada como quiser.

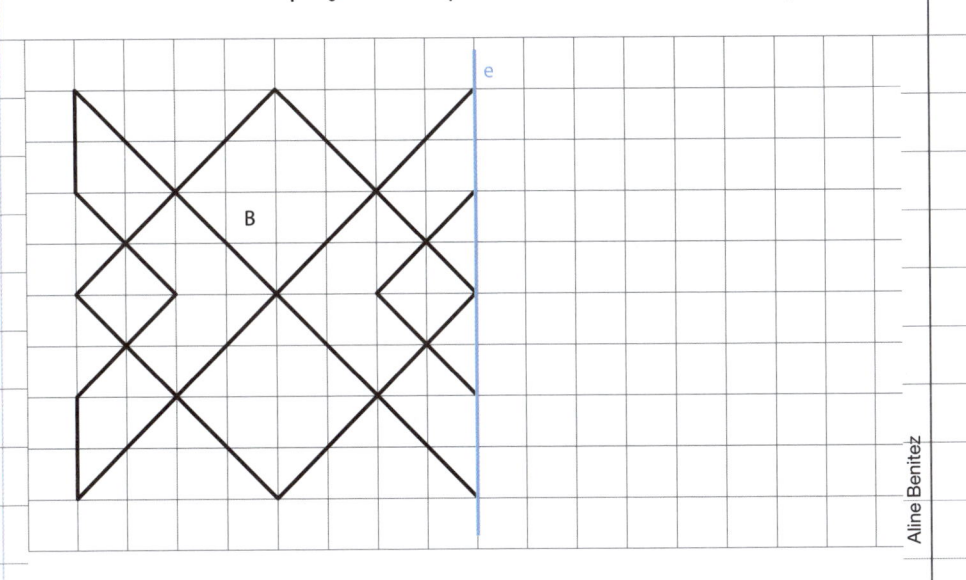

13. Desenhe uma figura simétrica à figura F, em relação ao eixo e. Pinte a figura formada como quiser.

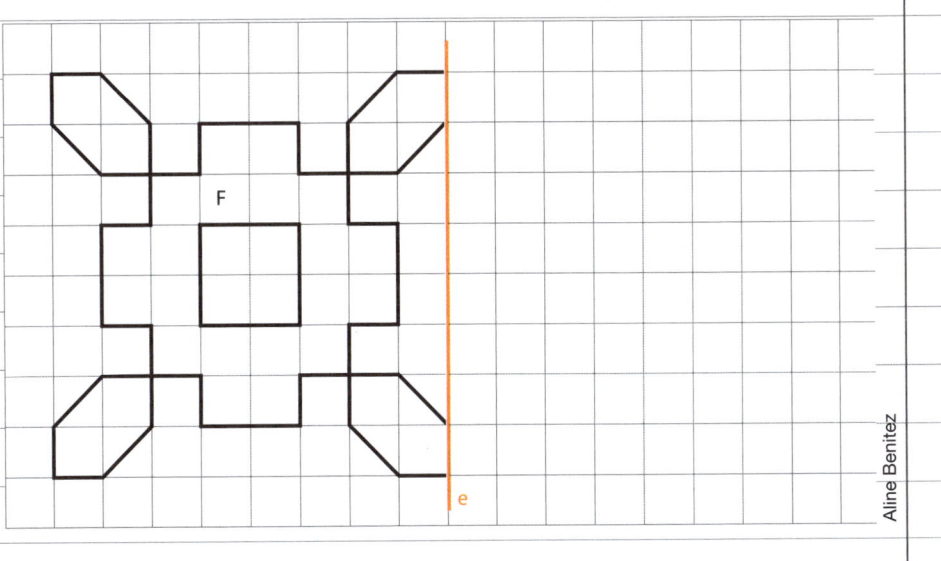

43

Bloco 7: Números

CONTEÚDO

MULTIPLICAÇÃO DE NÚMEROS NATURAIS
- Adição de parcelas iguais
- Disposição retangular
- Proporcionalidade
- Problemas de contagem: combinações

MULTIPLICAÇÃO DE NÚMEROS NATURAIS

Adição de parcelas iguais

> Uma adição de parcelas iguais pode ser representada por uma multiplicação.
>
> Exemplo:
>
> 50 + 50 + 50 + 50 = 4 x 50

1. Complete.

a) 1200 + 1200 + 1200 =
= ___

b) 450 + 450 + 450 + 450 =
= ___

c) 19 + 19 + 19 + 19 + 19 + 19 =
= ___

2. Foram entregues ao mercado 10 caixas com 60 laranjas em cada uma. Quantas laranjas o mercado recebeu?

Resposta:

3. José colheu limões no seu pomar. Encheu 5 caixas com 90 unidades em cada. Quantos limões José colheu?

Resposta:

44

Disposição retangular

> Em geral, as cartelas de botões, adesivos e etiquetas são organizadas em disposição retangular para facilitar a contagem.

4. Quantos botões há em cada cartela? Indique com uma multiplicação.

a)

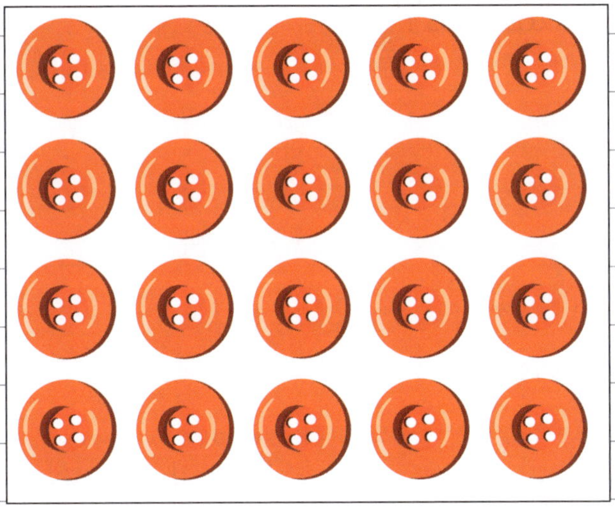

_____ ou _____

b)

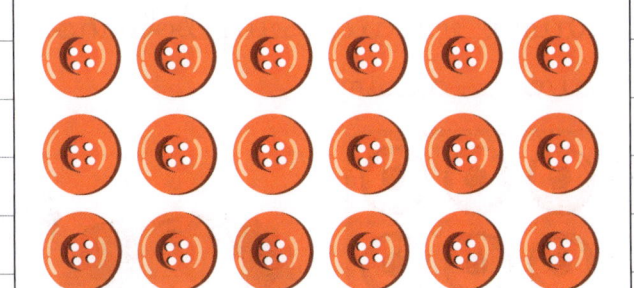

_____ ou _____

c)

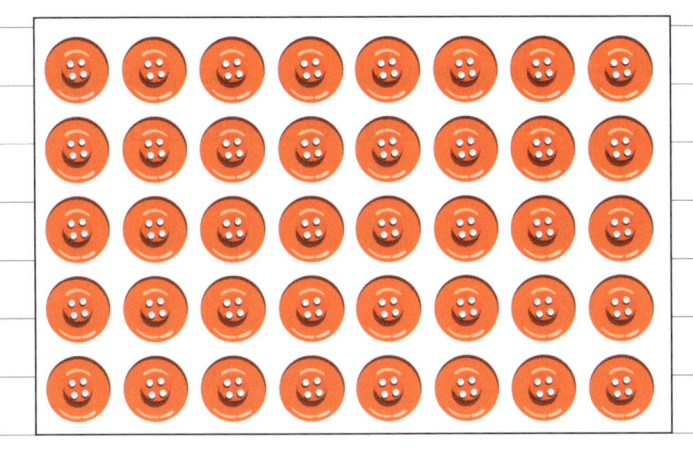

_____ ou _____

d)

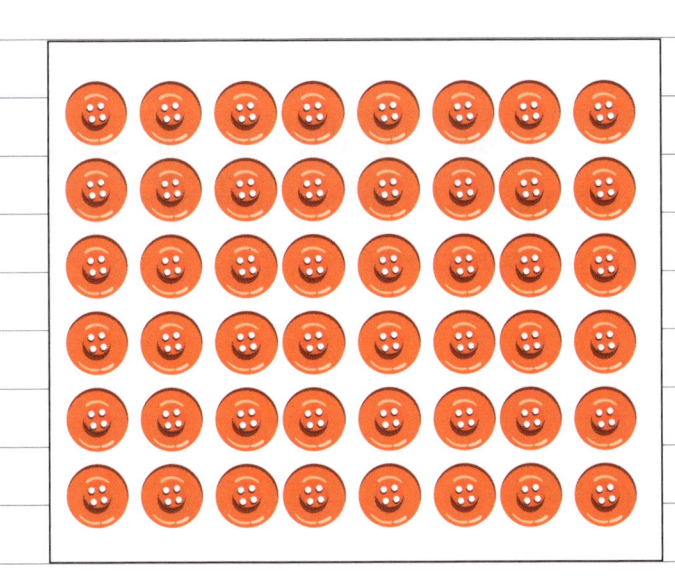

_____ ou _____

5. Marina embala seus bolinhos de pote em caixas assim.

a) Hoje ela vendeu 15 caixas. Quantos bolinhos de pote ela vendeu?

Resposta:

b) Aos sábados, ela costuma vender 20 caixas. Quantos bolinhos ela vende aos sábados?

Resposta:

6. A Granja União vende ovos em embalagens como esta.

a) Um cliente solicitou 20 embalagens desses ovos. Quantos ovos João precisa para preparar as 20 embalagens?

Resposta:

b) Para preparar 50 dessas embalagens, quantos ovos serão necessários?

Resposta:

Proporcionalidade

7. Veja os ingredientes que Dona Débora usa para preparar uma omelete.

Omelete (1 receita)
2 ovos
50 gramas de presunto
50 gramas de queijo

Para preparar mais de uma receita, qual é a quantidade de cada ingrediente que Dona Débora vai precisar? Preencha este quadro.

	1 RECEITA	2 RECEITAS	3 RECEITAS	4 RECEITAS
Ovos	2			
Presunto	50 g			
Queijo	50 g			

8. Rosana faz salgadinhos para vender.

Em cada bandeja ela coloca 10 coxinhas, 15 bolinhas de queijo e 8 quibes.
Preencha esta tabela para indicar a quantidade necessária de cada salgadinho para montar até 4 bandejas.

Salgadinhos	1 BANDEJA	2 BANDEJAS	3 BANDEJAS	4 BANDEJAS
Coxinhas	10			
Bolinhas de queijo	15			
Quibes	8			

Problemas de contagem: combinações

Na sorveteria do meu bairro tem sorvete de massa.

- O sorvete pode ser servido em casquinha ou em taça.
- Os sabores oferecidos são: chocolate, morango e creme.

Veja as combinações diferentes de sorvetes que eu posso montar.

Essa situação pode ser representada assim:

2 x 3 = 6
| |
casquinha sabores
ou taça

9. Na cantina da escola, o almoço é servido com as seguintes opções.

Arroz — Branco / Integral

Salada — Alface / Tomate

Acompanhamento — Frango / Omelete / Legumes

a) Quantos tipos de arroz temos?

b) Quantos tipos de salada temos?

c) Quantos tipos de acompanhamento temos?

d) De quantas maneiras diferentes posso montar a refeição?

☐ X ☐ X ☐ = ☐
Arroz Salada Acompanhamento

Resposta: Tenho ____ maneiras diferentes de compor o prato.

e) Cite 5 refeições diferentes que você pode pedir.

1.

2.

3.

4.

5.

10. Na escola de Bruno são oferecidos os seguintes uniformes:

- Camiseta sem manga
- Camiseta de manga curta
- Camiseta de manga longa
- Bermuda azul
- Bermuda vinho
- Calça de moletom azul

a) Quantas opções de camiseta Bruno tem pra escolher?

b) Quantas opções de bermuda ou calça Bruno tem pra escolher?

c) De quantas maneiras diferentes Bruno pode se vestir para ir à escola?

Camiseta sem manga	Bermuda azul
	Bermuda vinho
	Calça de moletom azul
Camiseta de manga curta	
Camiseta de manga longa	

Combinações possíveis: ☐ x ☐ = ☐

d) Descreva 5 maneiras diferentes que Bruno pode se vestir.

1.

2.

3.

4.

5.

11. Bruna vai a uma festa de aniversário, e está escolhendo uma roupa para se vestir.
Ela separou 3 blusas, 2 saias e 2 tipos de calçado para compor seu visual.

• Blusa branca, vermelha e cinza.

• Saia jeans e saia xadrez.

• Coturno e tênis vermelho.

a) De quantas maneiras diferentes ela pode compor seu visual? Vamos colorir estas figuras para descobrir quantos visuais diferentes ela pode compor.

De qual conjunto você mais gosta?

Bloco 8: Pensamento algébrico

CONTEÚDO

SEQUÊNCIAS NUMÉRICAS
- Sequência recursiva
- Regra de formação
- Sequência dos múltiplos de um número natural

SENTENÇAS MATEMÁTICAS
- Igualdade

CÁLCULO DE NÚMERO DESCONHECIDO
- Propriedade da igualdade
- Problemas

SEQUÊNCIAS NUMÉRICAS

Sequência recursiva

Uma sequência já bem conhecida de todos é a de números naturais.

{0, 1, 2, 3, 4, 5, 6, 7, ...}

Essa sequência se chama **recursiva** porque cada termo é igual ao termo anterior, "mais 1".

1. Complete estas sequências.

13	15		19	21		

100	200	300				700

800	750	700			550	

Regra de formação

Todas as sequências têm uma **regra de formação**.

Observe esta sequência:

{1, 3, 5, 7, 9, 11, ...}

É a sequência dos números ímpares.

Vamos descrevê-la.
- 1º termo: 1
- Regra de formação: somar 2 ao termo anterior.

2. Observe cada sequência e complete.

A: {2, 5, 8, 11, 14, 17}

- 1º termo:
- Número de termos:
- Regra de formação:

- 4º termo:

B: {8, 18, 28, 38, 48}

- 1º termo:
- Número de termos:
- Regra de formação:

- 3º termo:

C: {60, 55, 50, 45, 40, 35}

- 1º termo:
- Número de termos:
- Regra de formação:

- 5º termo:

Sequência dos múltiplos de um número natural

Observe estas sequências:

A: {0, 2, 4, 6, 8, 10, ...}

B: {0, 3, 6, 9, 12, 15, ...}

- Regra de formação da sequência A: + 2
- Regra de formação da sequência B: + 3

Observe que essas sequências também podem ser descritas assim:

- A: Sequência dos múltiplos de 2
- B: Sequência dos múltiplos de 3

3. Escreva as seguintes sequências:

C: dos múltiplos de 4

D: dos múltiplos de 5

4. Complete estas sequências com os números que faltam.

75	70			55	50	

12	16	20				36

7	14	21				49

SENTENÇAS MATEMÁTICAS

Sentença é uma frase com sentido completo.
Exemplos:
- Quatro mais um é igual a cinco.
- Um mil é maior do que novecentos.
- Vinte menos cinco é diferente de trinta.

Sentença matemática é uma sentença em que aparecem símbolos matemáticos. Exemplos:
- 4 + 1 = 5
- 1000 > 900
- 20 − 5 ≠ 30

5. Observando o resultado de cada operação, complete as sentenças com os sinais + (mais) ou − (menos) para que se tornem verdadeiras.

422 ☐ 220 = 202

718 ☐ 264 = 982

641 ☐ 77 = 718

387 ☐ 214 = 601

512 ☐ 308 = 820

236 ☐ 97 = 139

745 ☐ 36 = 709

163 ☐ 17 = 146

6. Escreva três subtrações que tenham resto (ou diferença) indicado.

a) Resto: 1000

b) Resto: 500

c) Resto: 250

d) Resto: 130

Igualdade

7. Verifique se as expressões indicadas em cada item são iguais ou diferentes.
Complete com os sinais = (igual) ou ≠ (diferente).

a) 100 − 70 ☐ 220 − 170

b) 180 − 70 ☐ 190 − 80

c) 300 − 150 ☐ 450 − 300

d) 310 − 160 ☐ 440 − 310

e) 580 − 170 ☐ 320 − 170

f) 1230 − 450 ☐ 1560 − 780

8. Compare as quantidades indicadas nas colunas A e B. Na coluna do meio, escreva os símbolos: > (maior que), < (menor que), ou = (igual). Use a calculadora para conferir seus resultados.

A	>, < ou =	B
1112 + 40		1150
1000 + 2000		3000
420 + 118		530
380 − 150		100
160 − 15		144
2 × 200		4000
100 ÷ 2		144
10000 ÷ 1000		100
1000 ÷ 25		40
1250 + 500		2000
3100 ÷ 31		90

CÁLCULO DE NÚMERO DESCONHECIDO

Para encontrar o valor de um número desconhecido, utilizamos a propriedade da igualdade.

Propriedade da igualdade

Adicionando (ou subtraindo) um mesmo número de ambos os lados de uma igualdade, a igualdade se mantém:

☐ + 8 = 12

☐ + 8 − 8 = 12 − 8

☐ = 12 − 8

☐ = 4

Outro exemplo:

☐ − 7 = 13

☐ − 7 + 7 = 13 + 7

☐ = 20

9. Calcule o valor de ■.

a) ▢ + 15 = 36
   ▢ + 15 −15 = 36 −15
   ▢ =
   ▢ =

b) 25 + ▢ = 72
   25 + ▢ −25 = 72 −25
   ▢ =
   ▢ =

c) ▢ − 23 = 16
   ▢ − 23 +23 = 16 +23
   ▢ =
   ▢ =

d) ▢ − 7 = 16
   ▢ − 7 +7 = 16 +7
   ▢ =
   ▢ =

e) ▢ − 18 = 52
   ▢ − 18 +18 = 52 +18
   ▢ =
   ▢ =

f) ▢ + 23 = 56
   ▢ + 23 −23 = 56 −23
   ▢ =
   ▢ =

g) ▢ − 17 = 32
   ▢ =
   ▢ =

h) ▢ − 28 = 64
   ▢ =
   ▢ =

i) 38 + ▢ = 57
   ▢ =
   ▢ =

j) 42 + ▢ = 59
   ▢ =
   ▢ =

10. Resolva estas sentenças matemáticas.

a) ☐ − 100 = 60
   ☐ =
   ☐ =

b) ☐ − 260 = 190
   ☐ =
   ☐ =

c) ☐ − 300 = 240
   ☐ =
   ☐ =

d) ☐ − 500 = 310
   ☐ =
   ☐ =

e) ☐ − 690 = 400
   ☐ =
   ☐ =

f) ☐ − 780 = 640
   ☐ =
   ☐ =

g) 150 + ☐ = 250
   ☐ =
   ☐ =

h) 125 + ☐ = 300
   ☐ =
   ☐ =

i) 280 + ☐ = 600
   ☐ =
   ☐ =

j) 1 050 + ☐ = 2 000
   ☐ =
   ☐ =

k) ☐ + 132 = 500
   ☐ =
   ☐ =

l) 1 200 + ☐ = 5 000
   ☐ =
   ☐ =

11. Descubra qual, dos quatro sinais +, −, × e ÷, deve ser colocado em cada uma das igualdades.

a) 22 ☐ 6 = 132

b) 51 ☐ 3 = 153

c) 324 ☐ 16 = 308

d) 23 ☐ 18 = 41

e) 844 ☐ 4 = 211

f) 55 ☐ 5 = 11

g) 16 ☐ 4 = 4

h) 34 ☐ 2 = 17

i) 683 ☐ 48 = 635

j) 29 ☐ 29 = 58

k) 716 ☐ 2 = 1432

l) 93 ☐ 3 = 31

Problemas

Observe a resolução deste problema que envolve cálculo de um número desconhecido. Em seguida, resolva os outros.

Papai comprou cadernos. Deu 16 e ficou com 24. Quantos cadernos papai comprou?

Cálculo

Vamos representar os cadernos por ■.
■ − 16 = 24
■ = 24 + 16
■ = 40

Resposta

Papai comprou 40 cadernos.

12. Olga ganhou 6 flores e ficou com 14. Quantas flores tinha Olga?

Cálculo   Resposta

13. Dona Luci vende maçãs na quitanda. Vendeu 7 e ficou com 15. Quantas maçãs ela tinha em sua quitanda?

Cálculo   Resposta

14. O triplo de um número é 27. Qual é esse número?

Cálculo   Resposta

15. Marcelo distribuiu igualmente suas fotografias entre 3 álbuns. Cada álbum ficou com 16. Qual o total de fotografias?

Cálculo   Resposta

16. O dobro de um número é 36. Que número é esse?

Cálculo   Resposta

17. Numa divisão, o divisor é 3, o quociente é 50 e o resto 1. Qual é o dividendo?

Cálculo   Resposta

Bloco 9: Grandezas e medidas

CONTEÚDO

NOSSO DINHEIRO
- Lucro e prejuízo

FORMAS DE PAGAMENTO, DESCONTO, TROCO
- Problemas

NOSSO DINHEIRO

> O nosso dinheiro chama-se real.
> Símbolo: R$

1. Escreva por extenso.

- R$ 350,80

- R$ 1 240,00

- R$ 0,90

- R$ 890,30

- R$ 4,60

- R$ 179,00

2. Represente as quantias.

a) 35 reais e 30 centavos:

b) 8 reais:

c) 90 centavos:

d) 330 reais:

e) 1 280 reais:

f) 125 reais:

g) 2 320 reais:

h) 15 centavos:

3. Observe.

- R$ 2,65 + R$ 8,69 = R$ 11,34

$$\begin{array}{r} 2,65 \\ +\ 8,69 \\ \hline 11,34 \end{array}$$

- R$ 66,80 − R$ 34,60 = R$ 32,20

$$\begin{array}{r} 66,80 \\ -\ 34,60 \\ \hline 32,20 \end{array}$$

- R$ 42,00 × 5 = R$ 210,00

$$\begin{array}{r} 42,00 \\ -\quad\ 5 \\ \hline 210,00 \end{array}$$

Agora, efetue as operações.

a) R$ 120,40 + R$ 54,80 = ☐

b) R$ 1284,40 + R$ 180,30 = ☐

c) R$ 860,40 − R$ 385,00 = ☐

d) R$ 54,80 − R$ 9,20 = ☐

e) R$ 8,60 + R$ 0,90 = ☐

f) R$ 68,30 × 5 = ☐

Lucro e prejuízo

> Quando compramos uma mercadoria, pagamos um preço por ela.
> - Se a vendemos por um preço maior, obtemos **lucro**.
> - Se a vendemos por um preço menor, temos **prejuízo**.

Exemplo:

> Comprei uma mercadoria por R$ 156,00 e revendi por R$ 150,00.
> - Houve lucro? De quanto?
>   Resposta: Não houve lucro.
> - Houve prejuízo? De quanto?
>   Resposta: Sim. De R$ 6,00.

4. Em cada situação, responda.

a) Comprei uma mercadoria por R$ 1280,00.
Revendi por R$ 1540,00.

Houve lucro? De quanto?

Houve prejuízo? De quanto?

b) Comprei uma mercadoria por R$ 165,50.
Revendi por R$ 114,50.

Houve lucro? De quanto?

Houve prejuízo? De quanto?

c) Comprei uma mercadoria por R$ 897,00.
Revendi por R$ 1045,00.

Houve lucro? De quanto?

Houve prejuízo? De quanto?

FORMAS DE PAGAMENTO, DESCONTO, TROCO

Problemas

5. Comprei um sapato. Dei R$ 30,00 de entrada, R$ 40,00 na 1ª prestação e R$ 40,00 na 2ª. Quanto paguei pelo sapato?

   Cálculo | Resposta

6. Comprei um relógio por R$ 48,00. Por quanto deverei vendê-lo para obter um lucro de R$ 15,00?

   Cálculo | Resposta

7. Mamãe pagou com R$ 100,00 uma compra no valor de R$ 75,00. Facilitou o troco dando mais R$ 5,00. Quanto recebeu de volta?

   Cálculo | Resposta

8. Comprei um brinco por R$ 35,00. Revendi-o por R$ 25,00. Tive lucro ou prejuízo? De quanto?

   Cálculo | Resposta

9. André comprou um brinquedo usado por R$ 20,00. Gastou R$ 6,00 para consertá-lo e, depois, vendeu-o por R$ 35,00. Quanto lucrou?

Cálculo   Resposta

10. Mamãe comprou uma mercadoria em 2 prestações iguais de R$ 50,00. O seu preço à vista era R$ 90,00. Mamãe teve lucro ou prejuízo? De quanto?

Cálculo   Resposta

11. Carlinhos recebe uma mesada de R$ 40,00 e economiza R$ 15,00 por mês. Quanto gasta por mês? Quanto economizará em 5 meses?

Cálculo   Resposta

12. Papai comprou uma bicicleta por R$ 788,00. Pagou de entrada R$ 394,00 e o restante em 2 prestações iguais. Qual o valor de cada prestação?

Cálculo   Resposta

13. Um feirante comprou uma dúzia de abacaxis por R$ 24,00 e vendeu por R$ 4,00 cada. Quanto lucrou?

Cálculo | Resposta

14. Olívia deu de entrada R$ 300,00 na compra de um notebook. Efetuou o restante do pagamento em 24 prestações iguais de R$ 88,00. Qual é o preço do notebook?

Cálculo | Resposta

15. Yudi comprou um videogame. Deu 500 reais de entrada. O restante, pagou em 6 prestações de 480 reais. Quanto custou o videogame?

Cálculo | Resposta

16. Um notebook custa R$ 4 200,00 à vista ou 6 parcelas de R$ 750,00. Se eu pagar parcelado, quanto pagarei a mais pela compra?

Cálculo | Resposta

Bloco 10: Números

CONTEÚDO

DIVISÃO DE NÚMEROS NATURAIS
- Divisor de um número natural
- Algoritmo da divisão: 2 algarismos no divisor
- Divisão por 10, 100, 1000
- Problemas

DIVISÃO DE NÚMEROS NATURAIS

Divisor de um número natural

O número natural diferente de zero que divide exatamente outro número natural é o divisor desse número.

Exemplo:

```
 450 | 15
- 45   30
  00
```

15 é divisor de 450.

1. Complete as frases, usando as palavras do quadro.

> exata - finito - um - ele próprio

a) Um número natural é divisor de outro quando a divisão é _____.

b) O número _____ é divisor de qualquer número natural.

c) O conjunto dos divisores de um número natural é um conjunto _____.

d) O maior divisor de um número natural é _____.

e) 2 é _____ de 10 porque _____.

2. Complete.

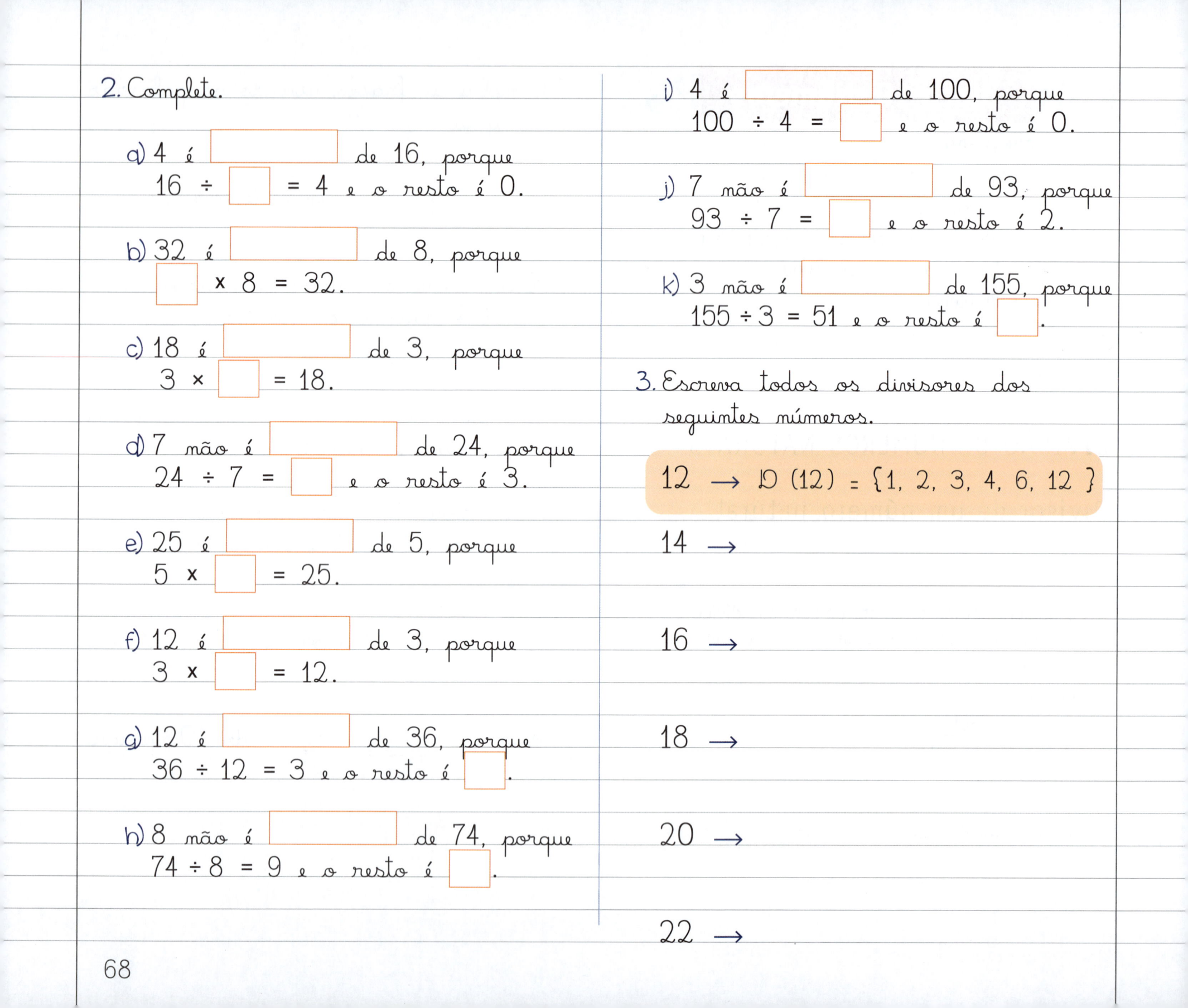

a) 4 é ☐ de 16, porque
   16 ÷ ☐ = 4 e o resto é 0.

b) 32 é ☐ de 8, porque
   ☐ × 8 = 32.

c) 18 é ☐ de 3, porque
   3 × ☐ = 18.

d) 7 não é ☐ de 24, porque
   24 ÷ 7 = ☐ e o resto é 3.

e) 25 é ☐ de 5, porque
   5 × ☐ = 25.

f) 12 é ☐ de 3, porque
   3 × ☐ = 12.

g) 12 é ☐ de 36, porque
   36 ÷ 12 = 3 e o resto é ☐.

h) 8 não é ☐ de 74, porque
   74 ÷ 8 = 9 e o resto é ☐.

i) 4 é ☐ de 100, porque
   100 ÷ 4 = ☐ e o resto é 0.

j) 7 não é ☐ de 93, porque
   93 ÷ 7 = ☐ e o resto é 2.

k) 3 não é ☐ de 155, porque
   155 ÷ 3 = 51 e o resto é ☐.

3. Escreva todos os divisores dos seguintes números.

12 → D (12) = {1, 2, 3, 4, 6, 12}

14 →

16 →

18 →

20 →

22 →

Algoritmo da divisão: 2 algarismos no divisor

4. Efetue as divisões. Observe os exemplos.

```
 424 | 53        547 | 26
  00   8         027   21
                  01
```

```
 36 | 12         94 | 23
 00   3          02   4
```

a) 69 | 23   b) 93 | 21

c) 89 | 43   d) 64 | 21

```
 520 | 26        370 | 12
 000   20        010   30
```

e) 850 | 17   f) 960 | 32

g) 243 | 12   h) 723 | 36

i) 756 | 84   j) 608 | 76

k) 547 | 42   l) 947 | 86

```
 800 | 20    3500 | 70    6841 | 22
  00   40     00    50    024   310
                           021
```

m) 900 | 90   n) 6400 | 80

o) 180 | 30   p) 5400 | 90

```
8006 |20       3473 |34
0006  400      0073  102
                 01
```

q) 4008 |40   r) 4697 |23

s) 5007 |50   t) 8244 |41

```
3554 |67       8946 |42
 204  53        054  213
  03            126
                 00
```

u) 2479 |59   v) 3180 |15

x) 1863 |23   z) 4085 |19

5. Arme e efetue as divisões.

a) 465 ÷ 6 = 77
Resto: 3
```
465 |6
 45  77
  3
```

b) 984 ÷ 24 = 41
Resto: 0
```
984 |24
024  41
 00
```

c) 180 ÷ 60 = ☐   d) 2873 ÷ 13 = ☐
Resto: ___   Resto: ___

e) 885 ÷ 42 = ☐   f) 4453 ÷ 53 = ☐
Resto: ___   Resto: ___

g) 768 ÷ 24 = ☐   h) 5928 ÷ 52 = ☐
Resto: ___   Resto: ___

i) 7488 ÷ 32 = ☐
Resto: ___

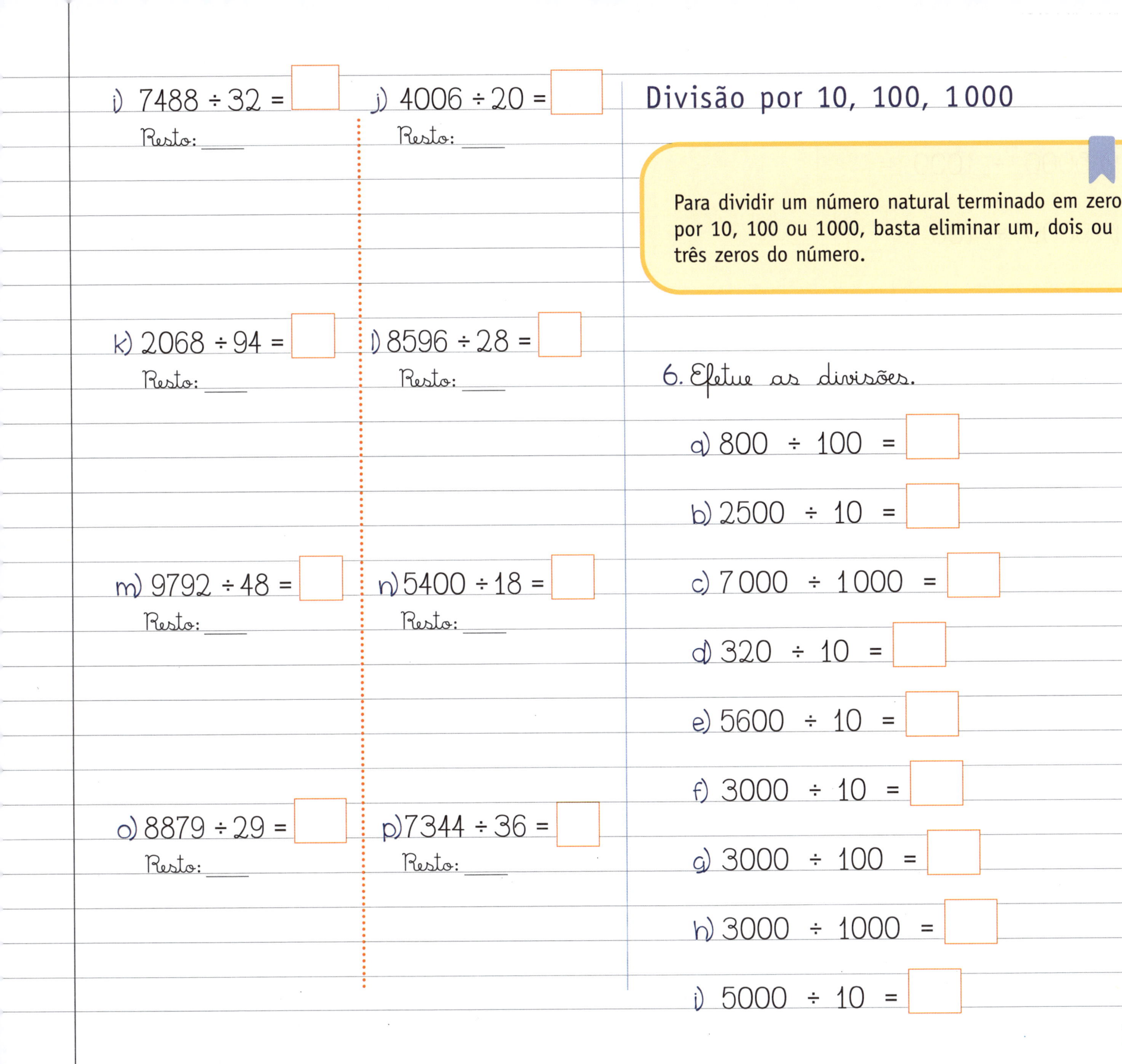

j) 4006 ÷ 20 = ☐
Resto: ___

Divisão por 10, 100, 1000

> Para dividir um número natural terminado em zero por 10, 100 ou 1000, basta eliminar um, dois ou três zeros do número.

k) 2068 ÷ 94 = ☐
Resto: ___

l) 8596 ÷ 28 = ☐
Resto: ___

6. Efetue as divisões.

a) 800 ÷ 100 = ☐

b) 2500 ÷ 10 = ☐

m) 9792 ÷ 48 = ☐
Resto: ___

n) 5400 ÷ 18 = ☐
Resto: ___

c) 7000 ÷ 1000 = ☐

d) 320 ÷ 10 = ☐

e) 5600 ÷ 10 = ☐

f) 3000 ÷ 10 = ☐

o) 8879 ÷ 29 = ☐
Resto: ___

p) 7344 ÷ 36 = ☐
Resto: ___

g) 3000 ÷ 100 = ☐

h) 3000 ÷ 1000 = ☐

i) 5000 ÷ 10 = ☐

j) 5000 ÷ 100 = ☐

k) 5000 ÷ 1000 = ☐

l) 9000 ÷ 100 = ☐

m) 14000 ÷ 10 = ☐

n) 3000 ÷ 1000 = ☐

o) 4200 ÷ 10 = ☐

p) 6000 ÷ 1000 = ☐

q) 8000 ÷ 10 = ☐

r) 8000 ÷ 100 = ☐

s) 8000 ÷ 1000 = ☐

t) 1000 ÷ 10 = ☐

u) 1000 ÷ 100 = ☐

v) 1000 ÷ 1000 = ☐

Problemas

7. Um granjeiro distribuiu 288 ovos em 12 caixas iguais. Quantos ovos couberam em cada caixa?
   Cálculo   Resposta

8. Titia distribuiu 324 docinhos em 9 bandejas iguais. Quantos docinhos ela colocou em cada bandeja?
   Cálculo   Resposta

9. Malu tem 345 figurinhas. Ela colou 15 em cada página do seu álbum. Quantas páginas tem seu álbum?
   Cálculo   Resposta

10. Um jardineiro tem 455 mudas de rosas para replantar igualmente em 5 canteiros. Quantas mudas irá plantar em cada canteiro?

   Cálculo   Resposta

11. Tenho 682 salgadinhos para distribuir igualmente entre 22 caixas. Quantos salgadinhos colocarei em cada caixa?

   Cálculo   Resposta

12. Uma creche consome 84 litros de leite em 7 dias. Consumindo a mesma quantidade de leite por dia, quantos litros consome em 1 dia?

   Cálculo   Resposta

Bloco 11: Números

CONTEÚDO

FRAÇÃO
- Leitura de frações
- Frações decimais
- Comparação de frações
- Frações equivalentes
- Fração de um número natural
- Adição de frações
- Subtração de frações
- Frações na reta numérica

FRAÇÃO

- Para representar partes de um inteiro utilizamos frações.

  $\frac{1}{4}$ (quarta parte ou um quarto)

  $\frac{1}{4}$ ← numerador
  ← denominador

  4 partes iguais

- O numerador representa o número de partes iguais tomadas do inteiro.
- O denominador representa o número de partes do mesmo tamanho em que o inteiro foi dividido.

1. Observe as representações e complete.

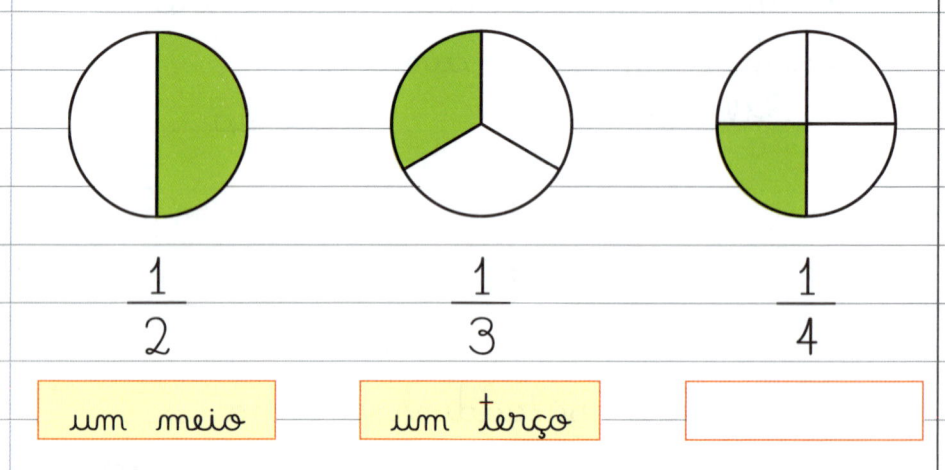

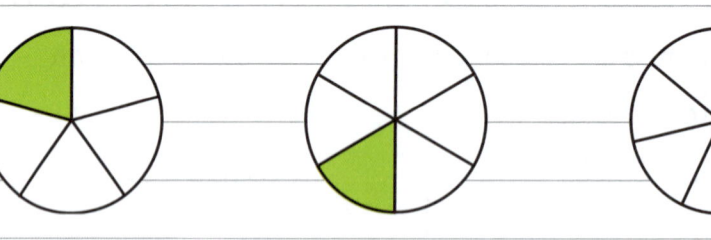

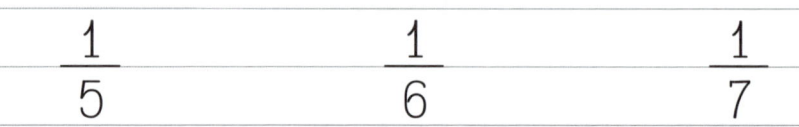

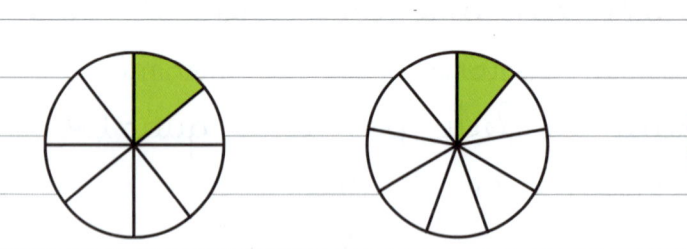

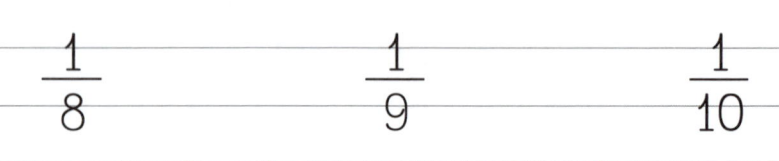

$\frac{1}{2}$	$\frac{1}{3}$	$\frac{1}{4}$
um meio	um terço	

$\frac{1}{5}$	$\frac{1}{6}$	$\frac{1}{7}$

$\frac{1}{8}$	$\frac{1}{9}$	$\frac{1}{10}$

2. Represente em forma de fração a parte colorida de cada figura.

a)   b)

c)   d)

e)   f)

3. Observe a figura.

Escreva a fração da figura pintada da cor:

vermelha ☐   verde ☐

4. Pinte em cada figura a fração indicada.

$\dfrac{1}{4}$

$\dfrac{5}{6}$

$\dfrac{4}{8}$

$\dfrac{5}{7}$

$\dfrac{3}{5}$

$\dfrac{1}{2}$

$\dfrac{2}{10}$

$\dfrac{8}{9}$

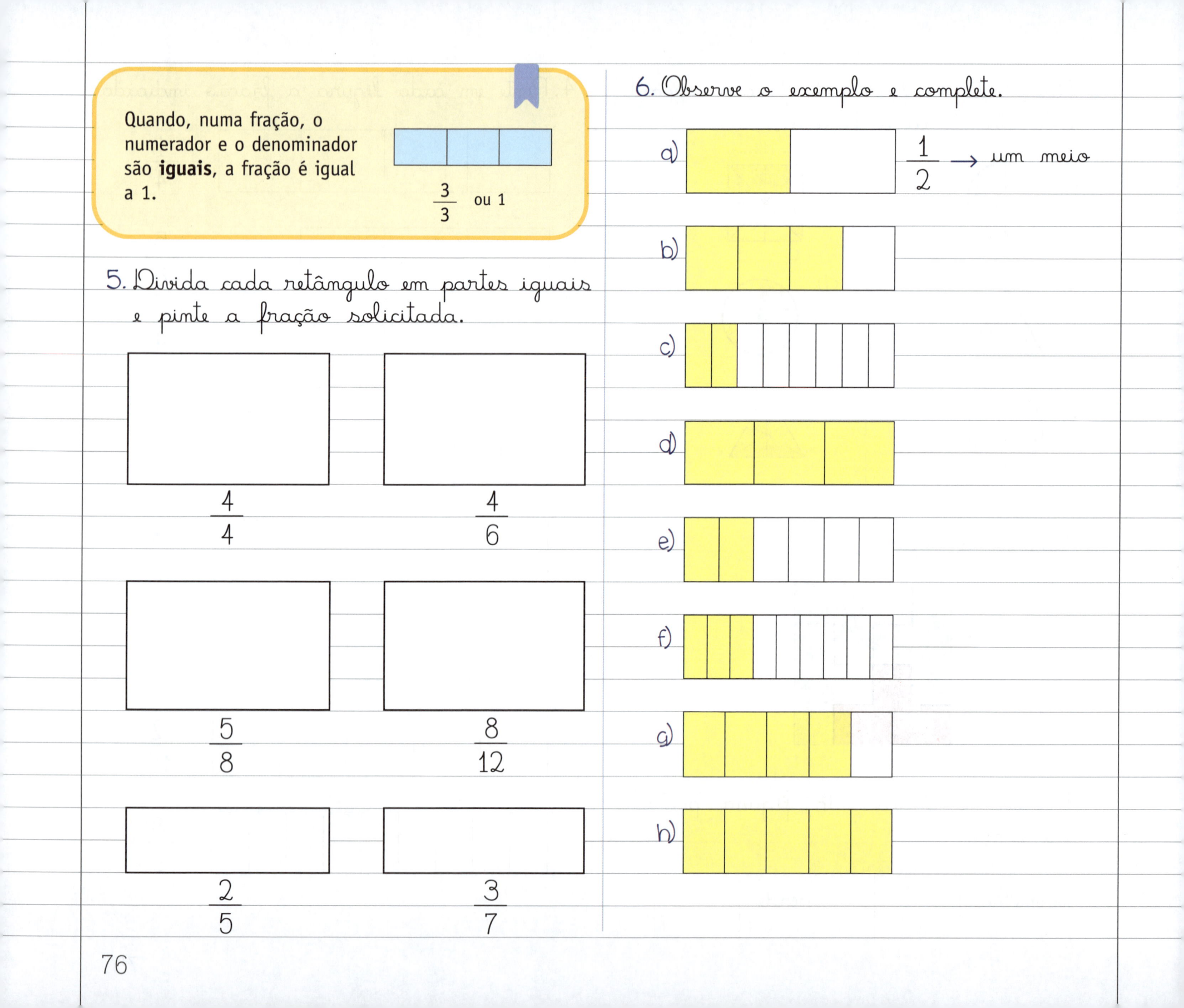

Quando, numa fração, o numerador e o denominador são **iguais**, a fração é igual a 1.

$\frac{3}{3}$ ou 1

5. Divida cada retângulo em partes iguais e pinte a fração solicitada.

$\frac{4}{4}$ $\frac{4}{6}$

$\frac{5}{8}$ $\frac{8}{12}$

$\frac{2}{5}$ $\frac{3}{7}$

6. Observe o exemplo e complete.

a) $\frac{1}{2}$ → um meio

b)

c)

d)

e)

f)

g)

h)

76

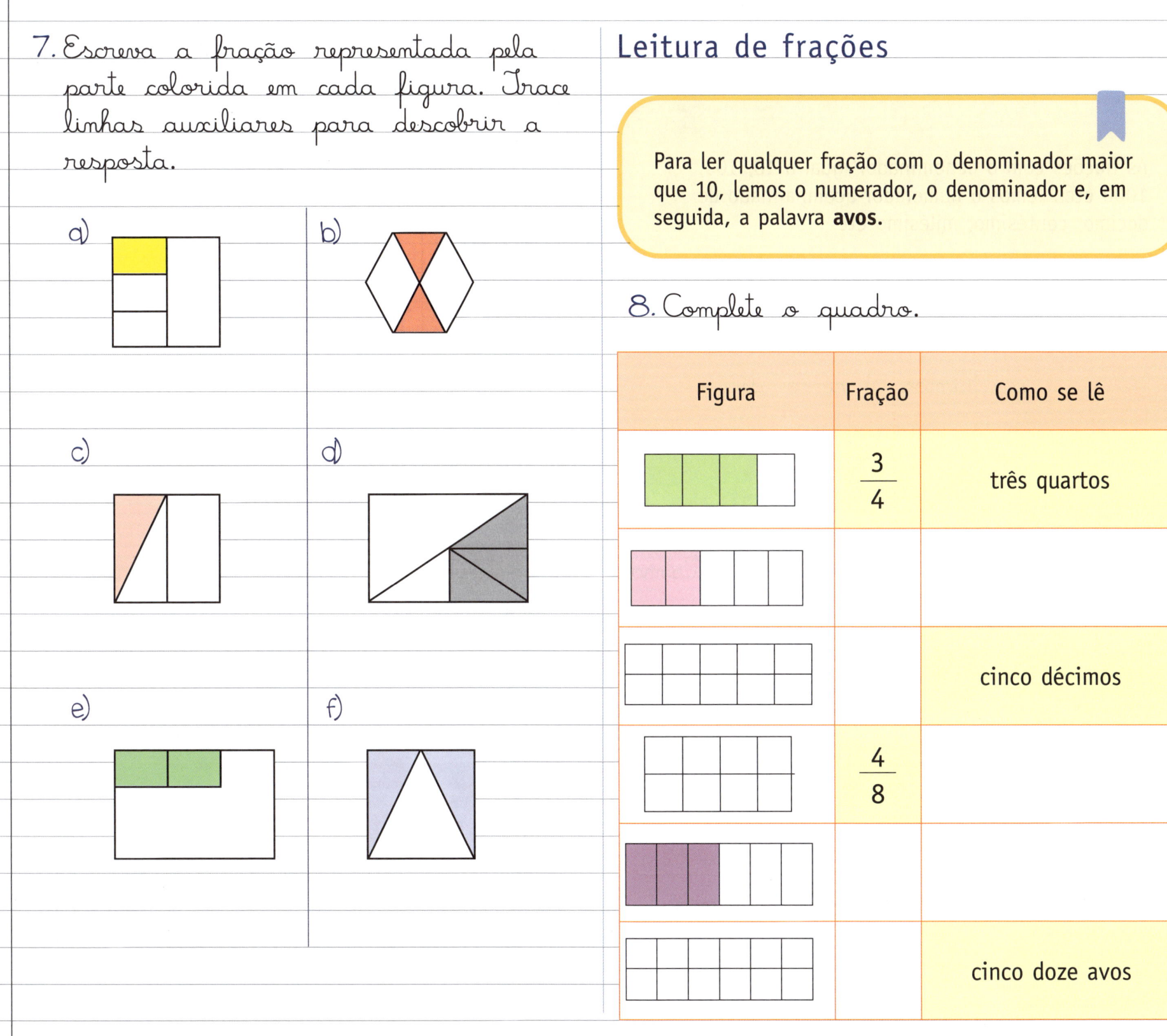

7. Escreva a fração representada pela parte colorida em cada figura. Trace linhas auxiliares para descobrir a resposta.

a)

b)

c)

d)

e)

f)

Leitura de frações

Para ler qualquer fração com o denominador maior que 10, lemos o numerador, o denominador e, em seguida, a palavra **avos**.

8. Complete o quadro.

Figura	Fração	Como se lê
	$\dfrac{3}{4}$	três quartos
		cinco décimos
	$\dfrac{4}{8}$	
		cinco doze avos

77

Frações decimais

> As frações com o denominador igual a 10, 100, 1000 etc., lemos o numerador acompanhado de décimo, centésimo, milésimo etc.

9. Represente em forma de fração.

a) nove centésimos

b) cinco décimos

c) um milésimo

d) cinquenta centésimos

e) oito décimos

f) vinte milésimos

g) um décimo

h) vinte centésimos

10. Escreva a fração decimal representada em cada figura.

a)

b)

11. Contorne as frações que representam um inteiro.

$\frac{5}{5}$ $\frac{4}{4}$ $\frac{5}{8}$

$\frac{2}{2}$ $\frac{2}{3}$ $\frac{2}{6}$

Comparação de frações

- Quando duas frações têm os denominadores iguais, a fração maior é a que tiver numerador maior.
- Quando duas frações têm os numeradores iguais, a fração maior é aquela que tiver denominador menor.

12. Pinte e complete.

$\dfrac{1}{4}$

$\dfrac{2}{4}$

$\dfrac{3}{4}$

A fração menor é ☐. A fração maior é ☐.

13. Complete com os sinais > (maior) ou < (menor).

a) $\dfrac{1}{8}$ ☐ $\dfrac{4}{8}$ b) $\dfrac{3}{3}$ ☐ $\dfrac{2}{3}$

c) $\dfrac{4}{7}$ ☐ $\dfrac{2}{7}$ d) $\dfrac{7}{8}$ ☐ $\dfrac{6}{8}$

e) $\dfrac{2}{4}$ ☐ $\dfrac{7}{4}$ f) $\dfrac{6}{9}$ ☐ $\dfrac{8}{9}$

g) $\dfrac{1}{5}$ ☐ $\dfrac{1}{2}$ h) $\dfrac{2}{3}$ ☐ $\dfrac{2}{6}$

i) $\dfrac{5}{8}$ ☐ $\dfrac{5}{9}$ j) $\dfrac{4}{7}$ ☐ $\dfrac{4}{5}$

14. Contorne a fração maior e represente-a com um desenho.

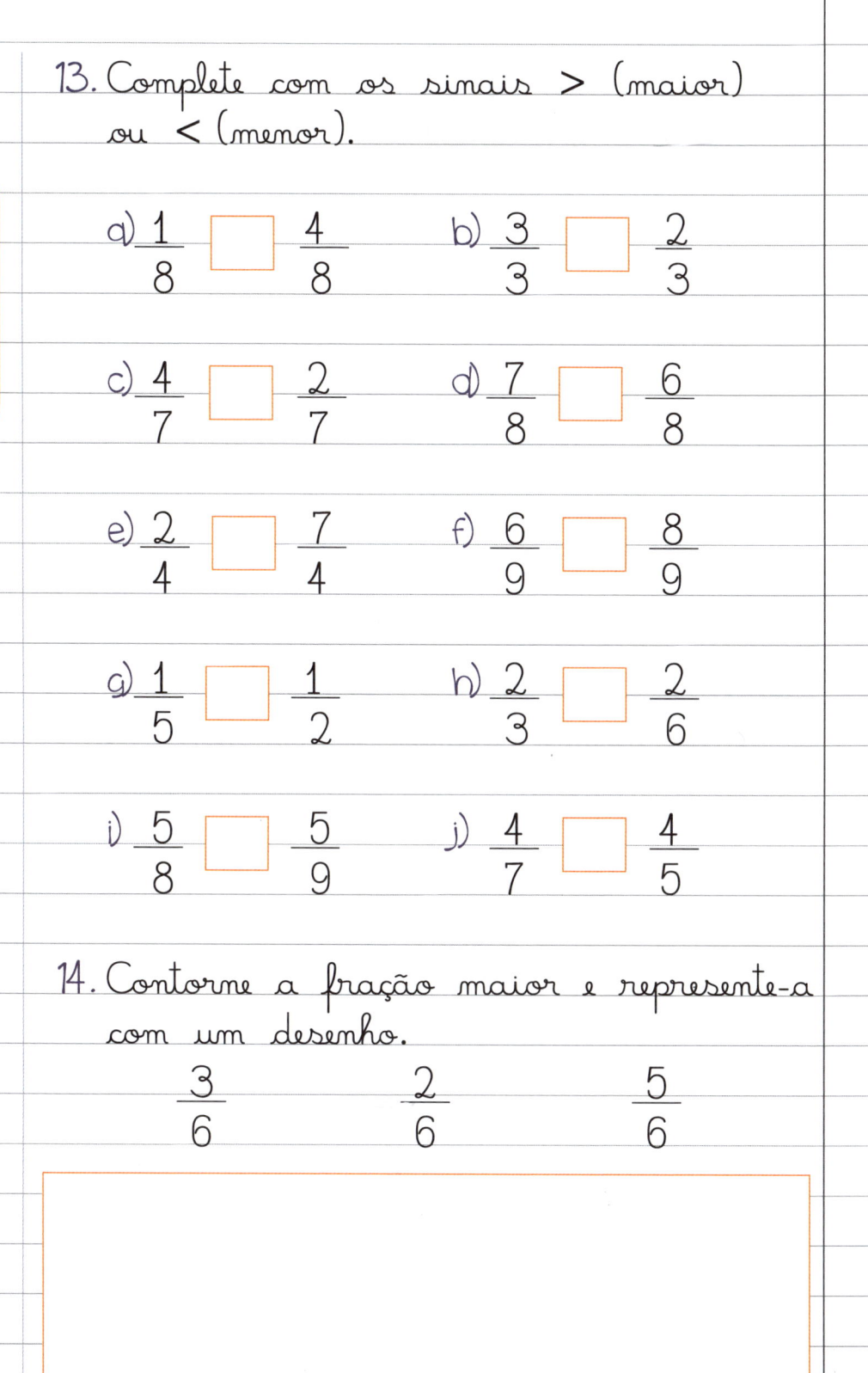

$\dfrac{3}{6}$ $\dfrac{2}{6}$ $\dfrac{5}{6}$

15. Contorne a fração menor e represente-a com um desenho.

$$\frac{3}{6} \qquad \frac{3}{8} \qquad \frac{3}{4} \qquad \frac{3}{5}$$

16. Escreva as frações em ordem crescente e decrescente, usando os sinais > e <.

a) $\frac{4}{9} \quad \frac{3}{9} \quad \frac{7}{9} \quad \frac{2}{9} \quad \frac{5}{9} \quad \frac{1}{9} \quad \frac{6}{9}$

- ordem crescente:

- ordem decrescente:

b) $\frac{5}{8} \quad \frac{5}{10} \quad \frac{5}{12} \quad \frac{5}{9} \quad \frac{5}{6} \quad \frac{5}{11} \quad \frac{5}{7}$

- ordem crescente:

- ordem decrescente:

17. Nestas figuras, represente:

a) uma fração maior que $\frac{4}{7}$

b) uma fração menor que $\frac{1}{2}$

c) uma fração maior que $\frac{3}{8}$

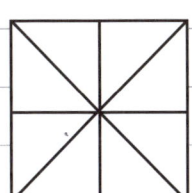

Frações equivalentes

- Frações equivalentes são frações que representam a mesma parte do inteiro.
- Para encontrar frações equivalentes, basta multiplicar o numerador e o denominador pelo mesmo número natural diferente de zero.

$$\frac{1}{3} = \frac{1 \times 2}{3 \times 2} = \frac{2}{6} \qquad \frac{1}{2} = \frac{1 \times 4}{2 \times 4} = \frac{4}{8}$$

18. Pinte as frações. Depois, complete.

a) $\frac{1}{2}$  b) $\frac{3}{6}$

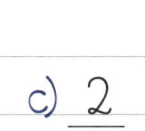

c) $\frac{2}{4}$ 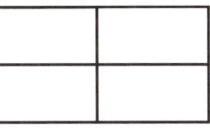 d) $\frac{4}{8}$

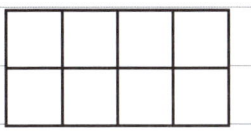

$\frac{1}{2}$, $\frac{2}{4}$, $\frac{3}{6}$ e $\frac{4}{8}$ são frações ☐.

19. Complete as frações para que sejam equivalentes.

a) $\frac{1}{2} = \frac{\square}{4}$ e) $\frac{6}{9} = \frac{2}{\square}$

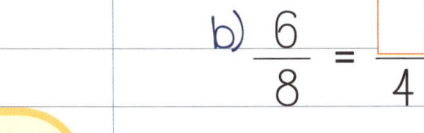

b) $\frac{6}{8} = \frac{\square}{4}$ f) $\frac{2}{6} = \frac{\square}{12}$

c) $\frac{3}{6} = \frac{9}{\square}$ g) $\frac{2}{3} = \frac{\square}{6}$

d) $\frac{1}{3} = \frac{3}{\square}$ h) $\frac{2}{8} = \frac{4}{\square}$

20. Escreva qual é a fração representada.

a) 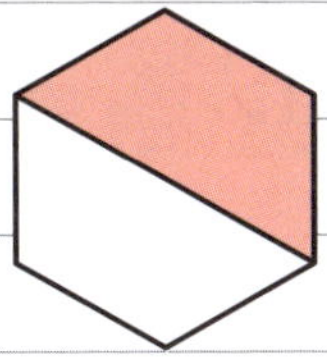 $\frac{1}{2}$ =

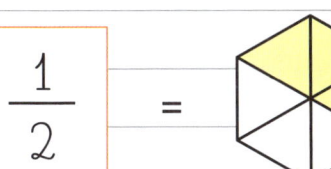

b) 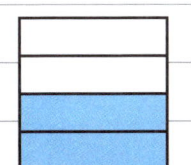 ☐ = ☐

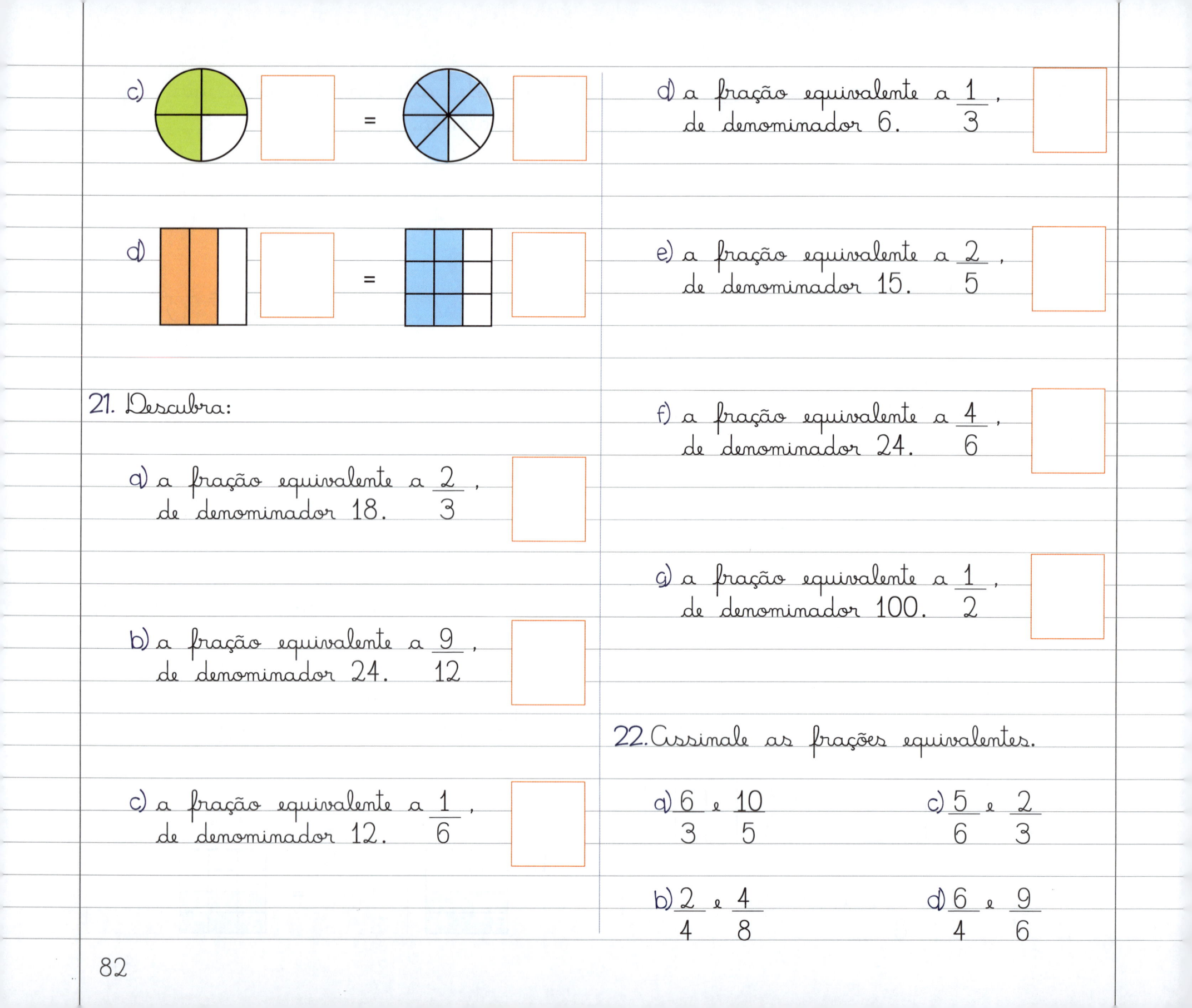

c) ◯ □ = ◯ □

d) ▭ □ = ▭ □

21. Descubra:

a) a fração equivalente a $\frac{2}{3}$, de denominador 18. □

b) a fração equivalente a $\frac{9}{12}$, de denominador 24. □

c) a fração equivalente a $\frac{1}{6}$, de denominador 12. □

d) a fração equivalente a $\frac{1}{3}$, de denominador 6. □

e) a fração equivalente a $\frac{2}{5}$, de denominador 15. □

f) a fração equivalente a $\frac{4}{6}$, de denominador 24. □

g) a fração equivalente a $\frac{1}{2}$, de denominador 100. □

22. Assinale as frações equivalentes.

a) $\frac{6}{3}$ e $\frac{10}{5}$

c) $\frac{5}{6}$ e $\frac{2}{3}$

b) $\frac{2}{4}$ e $\frac{4}{8}$

d) $\frac{6}{4}$ e $\frac{9}{6}$

Fração de um número natural

$\frac{1}{4}$ de 16 $\frac{2}{4}$ de 16

$16 \div 4 = 4$
$4 \times 2 = 8$
$\frac{2}{4}$ de $16 = 8$

$16 \div 4 = 4$

23. Observe o exemplo e calcule.

$\frac{2}{3}$ de 15 $15 \div 3 = 5$
$5 \times 2 = 10$
$\frac{2}{3}$ de $15 = 10$

a) $\frac{4}{6}$ de 12

b) $\frac{1}{5}$ de 60

c) $\frac{1}{3}$ de 27

d) $\frac{3}{5}$ de 20

e) $\frac{1}{3}$ de 3

f) $\frac{2}{8}$ de 88

g) $\frac{2}{4}$ de 40

h) $\frac{1}{8}$ de 64

i) $\dfrac{5}{8}$ de 32

j) $\dfrac{2}{3}$ de 18

k) $\dfrac{3}{4}$ de 36

24. Pinte os desenhos e calcule.

a) $\dfrac{2}{4}$ de 16

b) $\dfrac{1}{7}$ de 14

c) $\dfrac{1}{2}$ de 6

d) $\dfrac{1}{5}$ de 10

e) $\dfrac{2}{4}$ de 12

f) $\dfrac{3}{5}$ de 20

25. Calcule.

a) $\dfrac{5}{6}$ de 18 = ☐

b) $\dfrac{4}{5}$ de 225 = ☐

c) $\dfrac{4}{9}$ de 45 = ☐

d) $\dfrac{2}{7}$ de 63 = ☐

e) $\dfrac{2}{3}$ de 36 = ☐

f) $\dfrac{3}{4}$ de 152 = ☐

26. Em uma sala de aula há 30 alunos. Calcule quantos alunos possuem cada uma das características indicadas pelas frações.

Fração	Altos	Baixos	Morenos	Ruivos
	$\dfrac{4}{6}$	$\dfrac{1}{3}$	$\dfrac{1}{2}$	$\dfrac{2}{10}$
Quantidade				

a) Quantos alunos são ruivos?

b) Quantos alunos não são nem morenos nem ruivos?

c) Nessa sala há mais alunos altos ou baixos?

d) Se $\dfrac{2}{6}$ dos alunos forem meninos, quantos serão meninas?

Adição de frações

> Para adicionar frações com denominadores iguais, adicionamos os numeradores e repetimos o denominador comum.

27. Escreva as frações representadas e efetue as adições.

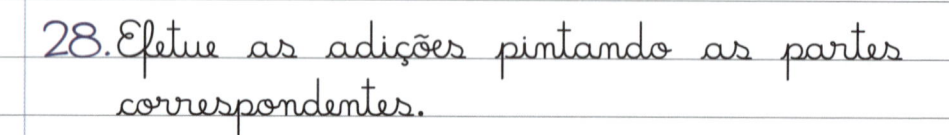

a)

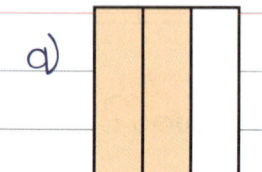

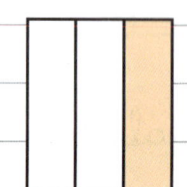

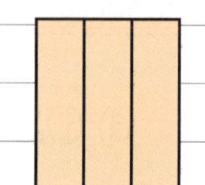

b)

c)

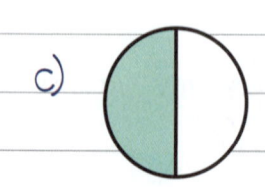

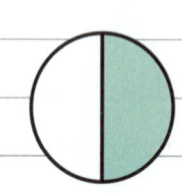

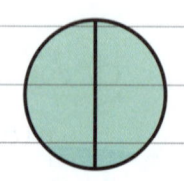

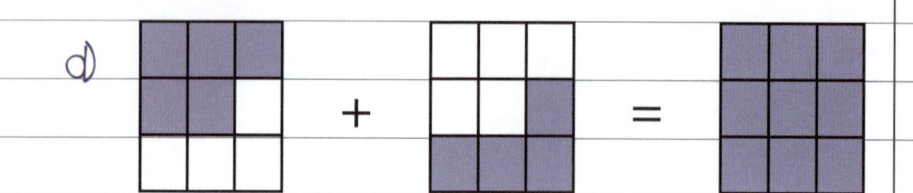

28. Efetue as adições pintando as partes correspondentes.

a) 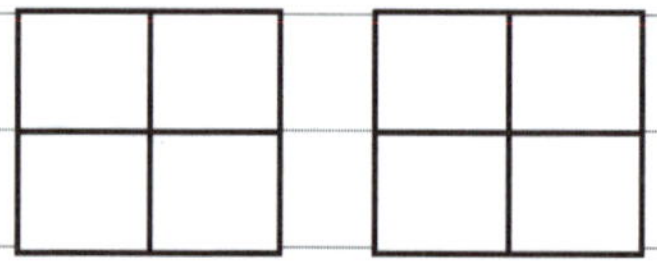 $\dfrac{3}{4} + \dfrac{4}{4} =$ ☐

b) 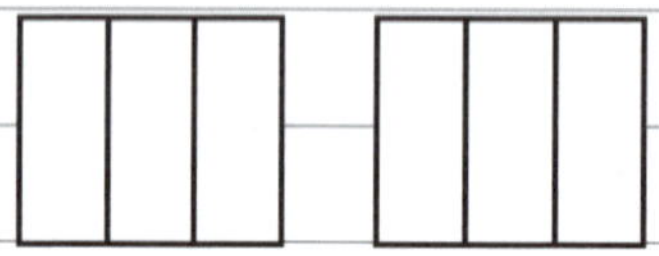 $\dfrac{3}{3} + \dfrac{1}{3} =$ ☐

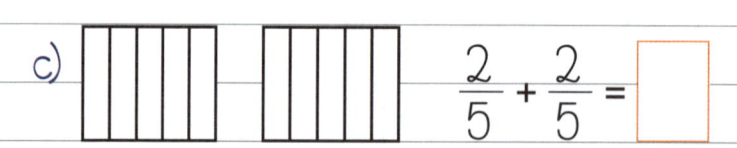

c) $\dfrac{2}{5} + \dfrac{2}{5} =$ ☐

d) 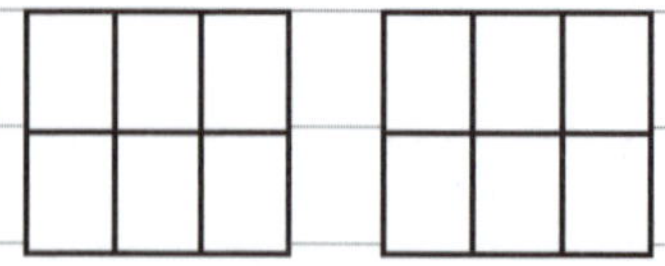 $\dfrac{3}{6} + \dfrac{4}{6} =$ ☐

e) 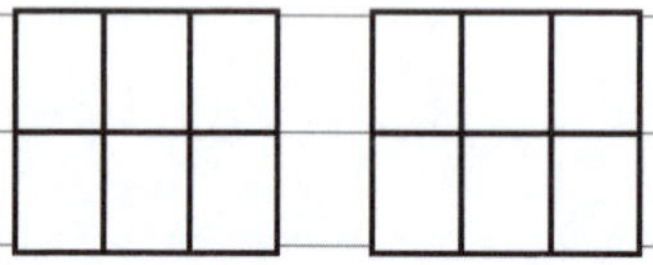 $\dfrac{2}{6} + \dfrac{3}{6} =$ ☐

86

29. Complete as adições.

a) $\dfrac{2}{3} + \dfrac{\square}{\square} = \dfrac{5}{3}$

b) $\dfrac{\square}{\square} + \dfrac{5}{10} = \dfrac{7}{10}$

c) $\dfrac{3}{5} + \dfrac{\square}{5} = \dfrac{\square}{\square} = 1$

d) $\dfrac{2}{7} + \dfrac{\square}{7} = \dfrac{6}{7}$

e) $\dfrac{3}{6} + \dfrac{1}{6} = \dfrac{\square}{\square}$

f) $\dfrac{\square}{4} + \dfrac{1}{4} = \dfrac{\square}{\square} = 1$

g) $\dfrac{2}{6} + \dfrac{4}{6} = \dfrac{\square}{\square}$

h) $\dfrac{4}{8} + \dfrac{2}{8} = \dfrac{\square}{\square}$

30. Efetue as adições e associe o resultado à representação gráfica de cada operação:

$\dfrac{3}{9} + \dfrac{5}{9} = \square$

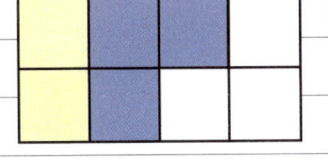

$\dfrac{1}{6} + \dfrac{3}{6} = \square$

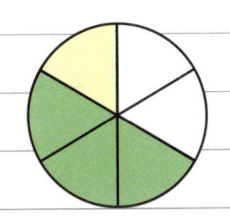

$\dfrac{4}{10} + \dfrac{2}{10} = \square$

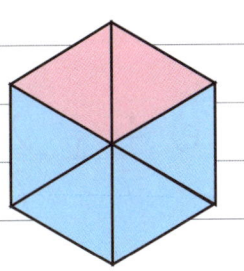

$\dfrac{2}{8} + \dfrac{3}{8} = \square$

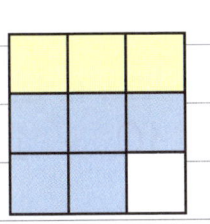

$\dfrac{4}{6} + \dfrac{2}{6} = \square$

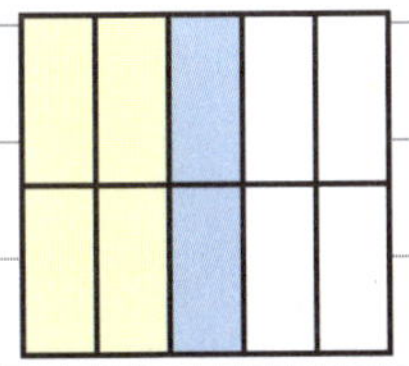

87

31. Efetue as adições.

a) $\dfrac{3}{6} + \dfrac{2}{6} =$ ☐   f) $\dfrac{1}{3} + \dfrac{2}{3} =$ ☐

b) $\dfrac{4}{9} + \dfrac{5}{9} =$ ☐   g) $\dfrac{4}{8} + \dfrac{2}{8} =$ ☐

c) $\dfrac{1}{5} + \dfrac{2}{5} =$ ☐   h) $\dfrac{5}{15} + \dfrac{4}{15} + \dfrac{3}{15} =$ ☐

d) $\dfrac{4}{10} + \dfrac{4}{10} =$ ☐   i) $\dfrac{4}{12} + \dfrac{2}{12} + \dfrac{3}{12} =$ ☐

e) $\dfrac{4}{7} + \dfrac{2}{7} =$ ☐   j) $\dfrac{2}{8} + \dfrac{3}{8} + \dfrac{1}{8} =$ ☐

32. Complete estas igualdades.

$\dfrac{3}{10} + \dfrac{☐}{10} = \dfrac{10}{10}$ $\dfrac{6}{10} + \dfrac{☐}{10} = \dfrac{10}{10}$

$\dfrac{2}{10} + \dfrac{☐}{10} = \dfrac{10}{10}$ $\dfrac{9}{10} + \dfrac{☐}{10} = \dfrac{10}{10}$

Subtração de frações

Para subtrair frações com denominadores iguais, basta conservar o denominador comum e subtrair os numeradores.

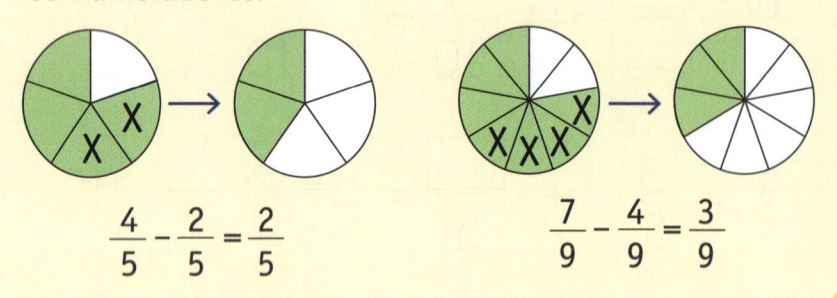

$\dfrac{4}{5} - \dfrac{2}{5} = \dfrac{2}{5}$ $\dfrac{7}{9} - \dfrac{4}{9} = \dfrac{3}{9}$

33. Efetue as subtrações representadas pelas figuras.

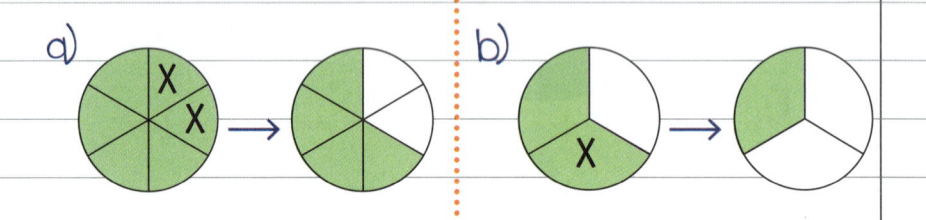

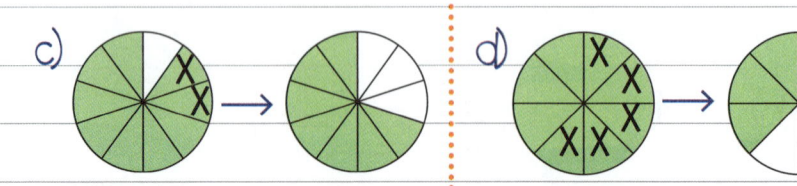

a)

b)

c)

d)

34. Efetue as subtrações e associe o resultado à representação gráfica de cada operação.

$\dfrac{5}{9} - \dfrac{3}{9} =$ ☐

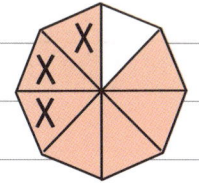

$\dfrac{5}{6} - \dfrac{3}{6} =$ ☐

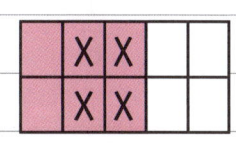

$\dfrac{6}{10} - \dfrac{4}{10} =$ ☐

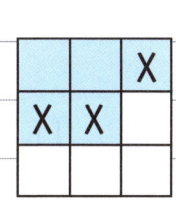

$\dfrac{7}{8} - \dfrac{3}{8} =$ ☐

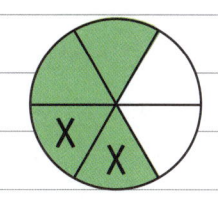

$\dfrac{4}{6} - \dfrac{2}{6} =$ ☐

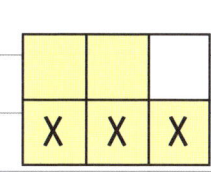

$\dfrac{4}{4} - \dfrac{3}{4} =$ ☐

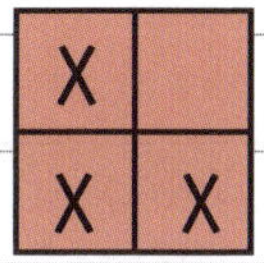

35. Efetue as subtrações.

a) $\dfrac{7}{9} - \dfrac{2}{9} =$ ☐   b) $\dfrac{5}{7} - \dfrac{2}{7} =$ ☐

c) $\dfrac{8}{10} - \dfrac{7}{10} =$ ☐   d) $\dfrac{9}{12} - \dfrac{4}{12} =$ ☐

e) $\dfrac{6}{8} - \dfrac{4}{8} =$ ☐   f) $\dfrac{9}{10} - \dfrac{7}{10} =$ ☐

g) $\dfrac{10}{5} - \dfrac{4}{5} =$ ☐   h) $\dfrac{9}{15} - \dfrac{5}{15} =$ ☐

i) $\dfrac{10}{13} - \dfrac{7}{13} =$ ☐   j) $\dfrac{8}{16} - \dfrac{6}{16} =$ ☐

k) $\dfrac{12}{20} - \dfrac{6}{20} =$ ☐   l) $\dfrac{8}{9} - \dfrac{1}{9} =$ ☐

m) $\dfrac{8}{12} - \dfrac{3}{12} =$ ☐   n) $\dfrac{4}{11} - \dfrac{2}{11} =$ ☐

Frações na reta numérica

36. Observe a reta numérica. Nela localizamos algumas frações decimais.
Escreva as frações correspondentes nos quadros.

$\frac{1}{10}$ ☐ ☐ $\frac{5}{10}$ $\frac{6}{10}$ ☐ ☐ $\frac{10}{10}$

0 ☐ ☐ $\frac{1}{2}$ $\frac{3}{5}$ ☐ 1

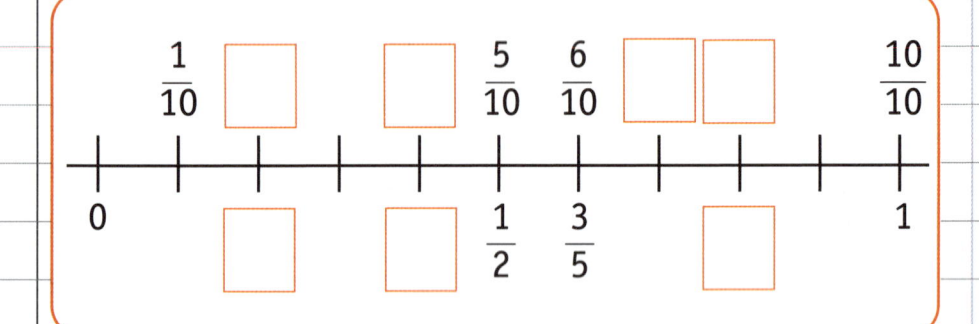

37. Desta vez dividimos o espaço entre 0 e 1 em 8 partes iguais. Alguns números já estão marcados. Complete as frações que faltam.

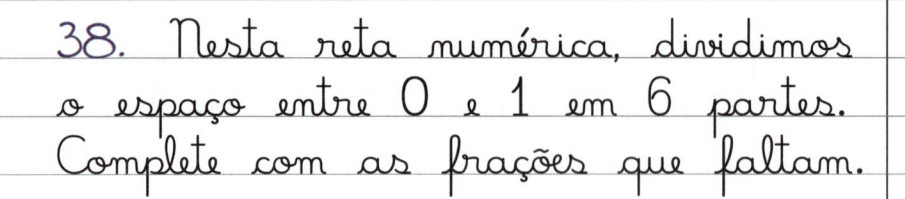

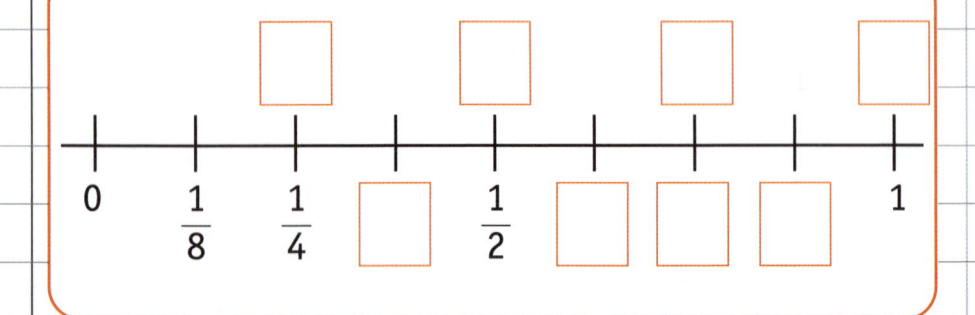

☐ ☐ ☐ ☐

0 $\frac{1}{8}$ $\frac{1}{4}$ ☐ $\frac{1}{2}$ ☐ ☐ ☐ 1

38. Nesta reta numérica, dividimos o espaço entre 0 e 1 em 6 partes. Complete com as frações que faltam.

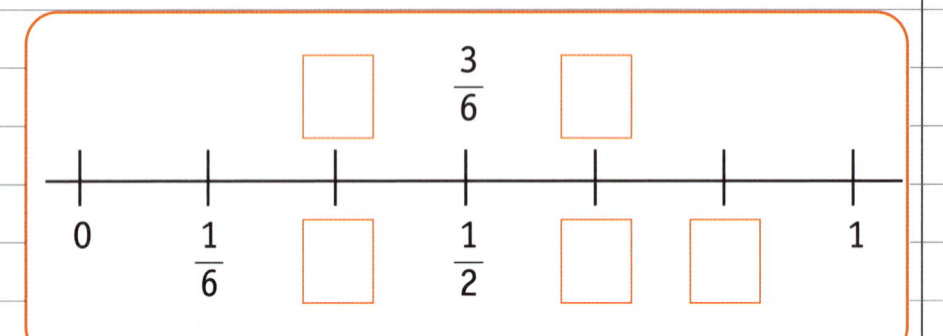

☐ $\frac{3}{6}$ ☐

0 $\frac{1}{6}$ ☐ $\frac{1}{2}$ ☐ ☐ 1

39. Nesta reta numérica representamos os números entre 0 e 5.

a) Escreva as frações correspondentes nos quadros.

b) Localize, nessa reta numérica, a fração $4\frac{1}{4}$.

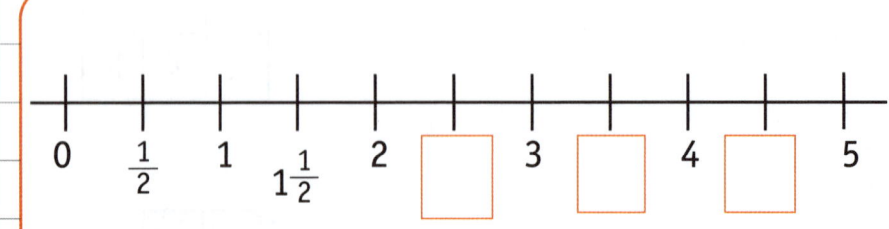

0 $\frac{1}{2}$ 1 $1\frac{1}{2}$ 2 ☐ 3 ☐ 4 ☐ 5

Bloco 12: Números

CONTEÚDO

NÚMEROS DECIMAIS

- Frações decimais: representação decimal
- Números decimais na reta numérica
- Adição e subtração de números decimais
- Multiplicação de números decimais
- Multiplicação de um número decimal por 10, 100, 1000
- Divisão de um número decimal por 10, 100, 1000

NÚMEROS DECIMAIS

- Um décimo:
  número decimal $0,1$ fração decimal $\frac{1}{10}$

- Um centésimo:
  número decimal $0,01$ fração decimal $\frac{1}{100}$

- Um milésimo:
  número decimal $0,001$ fração decimal $\frac{1}{1000}$

1. Represente no quadro os números decimais.

	Unidade	Décimo	Centésimo	Milésimo
0,1 1 décimo				
0,01 1 centésimo				
0,001 1 milésimo				
0,02 2 centésimos				
0,4 4 décimos				
0,005 5 milésimos				
0,08 8 centésimos				
0,03 3 centésimos				
0,006 6 milésimos				

Frações decimais: representação decimal

2. Escreva a representação decimal e a leitura.

$$\frac{2}{10} = 0,2 \quad \text{Lê-se: dois décimos}$$

a) $\frac{6}{10}$ = ☐

b) $\frac{9}{10}$ = ☐

c) $\frac{5}{10}$ = ☐

d) $\frac{7}{10}$ = ☐

e) $\frac{1}{10}$ = ☐

f) $\frac{3}{10}$ = ☐

3. Escreva a fração decimal e o número decimal representado em cada esquema. Observe o exemplo.

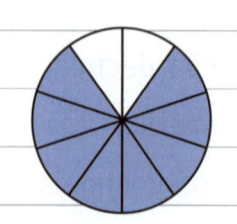

fração decimal: $\frac{8}{10}$

número decimal: 0,8

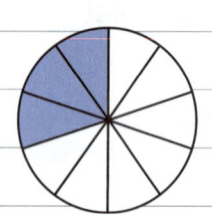

fração decimal: ☐

número decimal: ☐

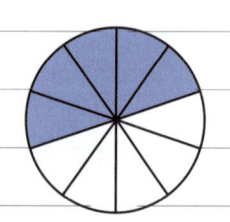

fração decimal: ☐

número decimal: ☐

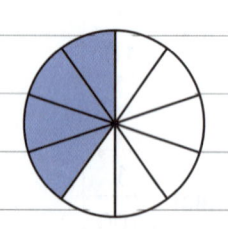

fração decimal: ☐

número decimal: ☐

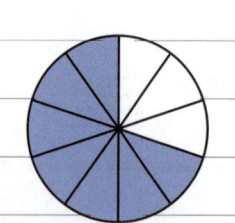

fração decimal: ☐

número decimal: ☐

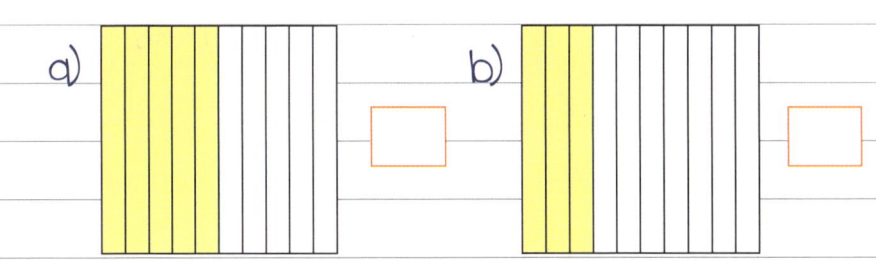

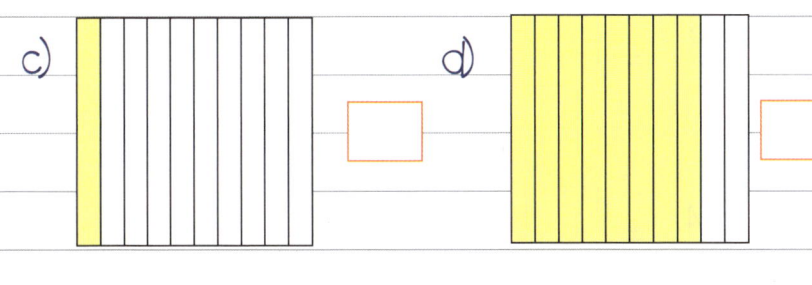

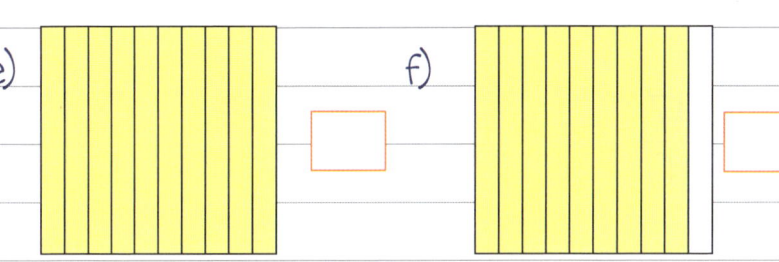

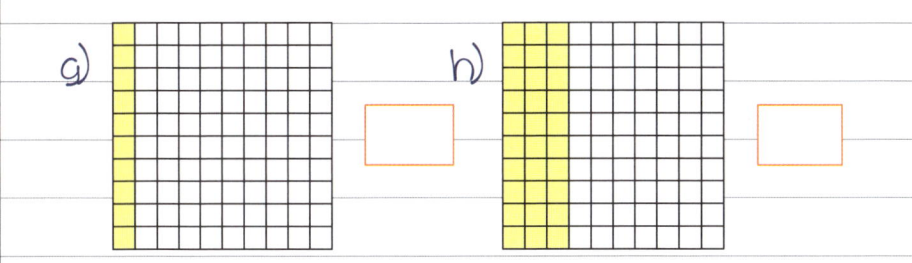

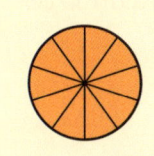

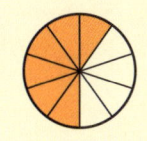

4. Represente, em número decimal, as partes coloridas de cada figura:

a)   b)

c)   d)

e)   f)

g)   h)

> 1,6 ou $\frac{10}{10} + \frac{6}{10} = \frac{16}{10}$ ou $1\frac{6}{10}$
>
> 1 inteiro + 6 décimos
>
> A vírgula separa a parte inteira da parte decimal.
>
> 1,6: um inteiro e seis décimos.

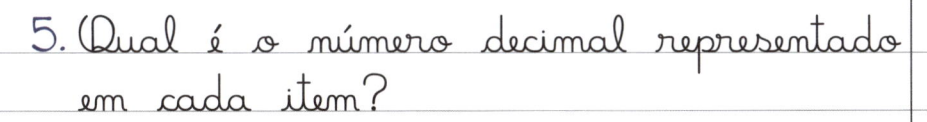

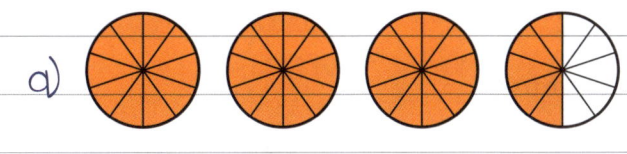

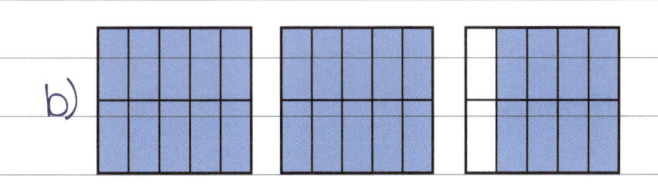

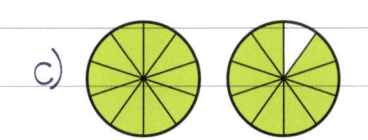

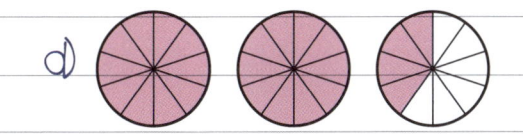

5. Qual é o número decimal representado em cada item?

a)

b)

c)

d)

6. Represente sob a forma de número decimal.

a) 38 décimos ☐

b) 8 décimos ☐

c) 45 centésimos ☐

d) 3 centésimos ☐

e) 6 décimos ☐

f) 78 décimos ☐

g) 29 centésimos ☐

h) 150 décimos ☐

i) 32 décimos ☐

j) 84 centésimos ☐

k) 200 centésimos ☐

7. Observe o exemplo.

$$\frac{25}{10} = 2,5 \quad \text{Lê-se: dois inteiros e 5 décimos}$$

Agora, faça o mesmo.

a) $\frac{18}{10}$ = ☐

b) $\frac{34}{10}$ = ☐

c) $\frac{47}{10}$ = ☐

d) $\frac{66}{10}$ = ☐

e) $\frac{51}{10}$ = ☐

f) $\frac{79}{10}$ = ☐

8. Observe o exemplo e complete.

$\dfrac{5}{100} = 0{,}05$ Lê-se: cinco centésimos

a) $\dfrac{2}{100}$ = ☐

b) $\dfrac{7}{100}$ = ☐

c) $\dfrac{1}{100}$ = ☐

d) $\dfrac{4}{100}$ = ☐

e) $\dfrac{6}{100}$ = ☐

f) $\dfrac{3}{100}$ = ☐

g) $\dfrac{22}{100}$ = ☐

9. Escreva por extenso. Observe o exemplo.

2,40 dois inteiros e quarenta centésimos

0,36

0,08

6,27

0,85

0,91

3,52

0,01

10. Escreva na forma de número decimal.

a) 34 centésimos ☐

b) 56 centésimos ☐

c) 9 centésimos ☐

d) 3 centésimos ☐

11. Observe o exemplo e complete.

$\dfrac{3}{1000} = 0,003$ Lê-se: três milésimos

a) $\dfrac{6}{1000} =$ ☐

b) $\dfrac{52}{1000} =$ ☐

c) $\dfrac{137}{1000} =$ ☐

d) $\dfrac{248}{1000} =$ ☐

e) $\dfrac{194}{1000} =$ ☐

12. Escreva na forma de número decimal.

a) $\dfrac{6}{1000} =$ ☐   b) $\dfrac{75}{1000} =$ ☐

c) $\dfrac{436}{1000} =$ ☐   d) $\dfrac{4}{1000} =$ ☐

13. Complete a tabela.

Fração decimal	Número decimal	Como se lê
$\dfrac{7}{10}$		
$\dfrac{15}{100}$		
	0,009	
	0,20	
		três inteiros e oito milésimos
		dois inteiros e cinquenta e três centésimos
	4,16	

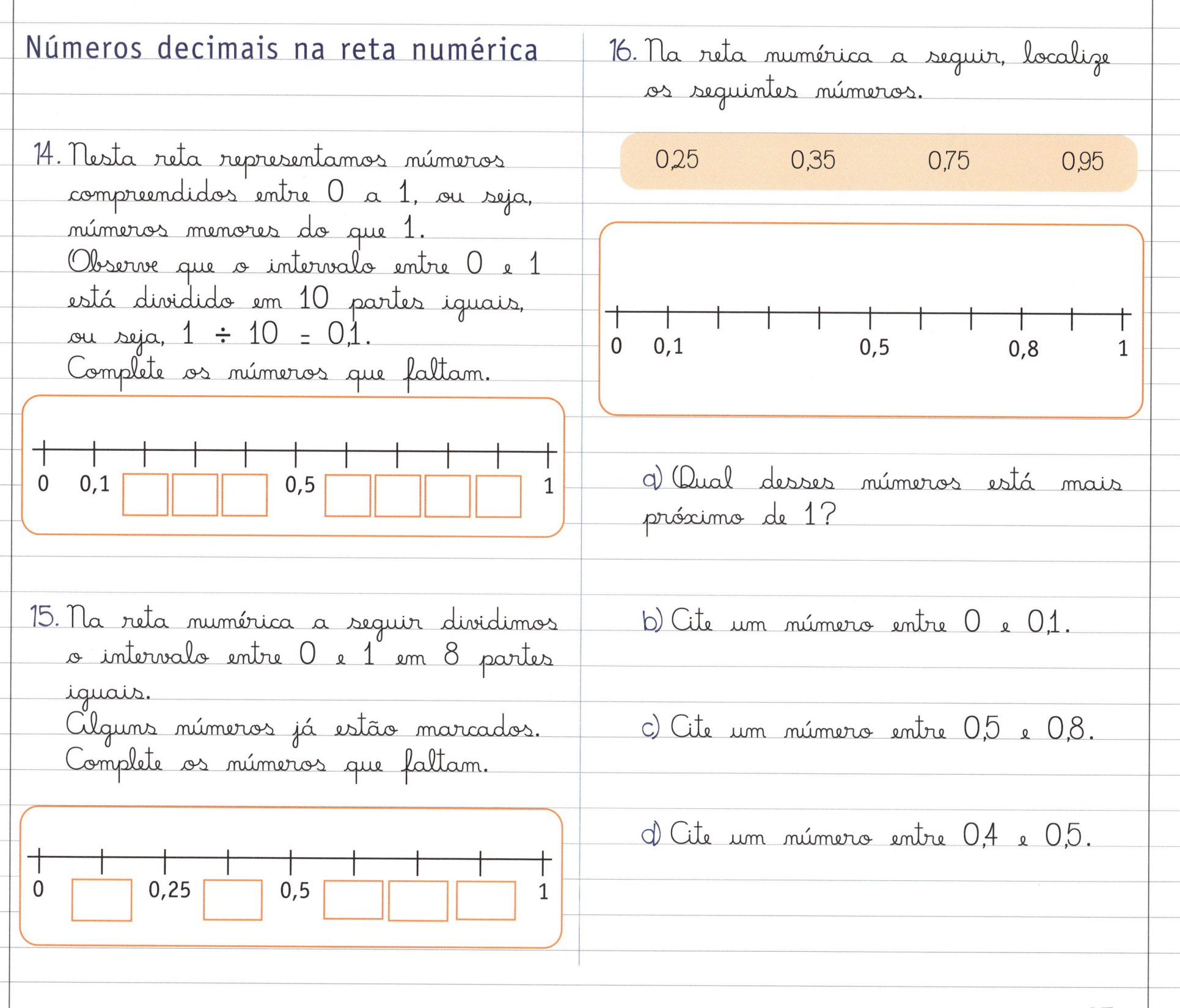

Números decimais na reta numérica

14. Nesta reta representamos números compreendidos entre 0 a 1, ou seja, números menores do que 1.
Observe que o intervalo entre 0 e 1 está dividido em 10 partes iguais, ou seja, 1 ÷ 10 = 0,1.
Complete os números que faltam.

0   0,1   ☐   ☐   ☐   0,5   ☐   ☐   ☐   ☐   1

15. Na reta numérica a seguir dividimos o intervalo entre 0 e 1 em 8 partes iguais.
Alguns números já estão marcados. Complete os números que faltam.

0   ☐   0,25   ☐   0,5   ☐   ☐   ☐   1

16. Na reta numérica a seguir, localize os seguintes números.

0,25   0,35   0,75   0,95

0   0,1   0,5   0,8   1

a) Qual desses números está mais próximo de 1?

b) Cite um número entre 0 e 0,1.

c) Cite um número entre 0,5 e 0,8.

d) Cite um número entre 0,4 e 0,5.

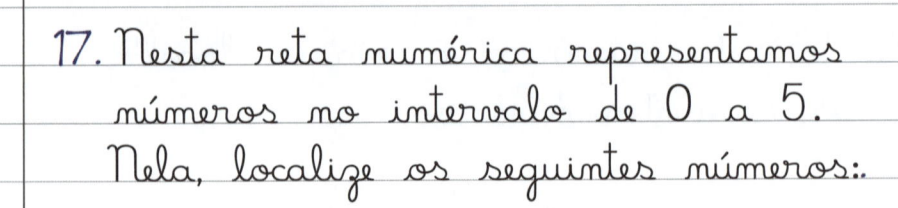

17. Nesta reta numérica representamos números no intervalo de 0 a 5. Nela, localize os seguintes números:

0,5   1,5   3,5   4,5

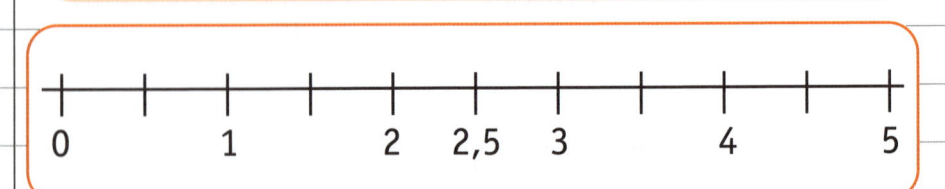

0 — 1 — 2 — 2,5 — 3 — 4 — 5

Entre que números se localizam:

a) 2,75 →

b) 2,1 →

c) 0,1 →

d) 3,75 →

e) 4,1 →

Adição e subtração de números decimais

> Na adição e subtração de números decimais, colocamos vírgula embaixo de vírgula e efetuamos a operação.

18. Efetue as adições.

```
   2,3        1,6        3,4
 + 1,8      + 0,6        1,2
 -----      -----      + 0,3
                       -----
```

19. Arme e efetue as adições.

a) 5,18 + 2,64 = ☐

98

b) 0,465 + 0,639 = ☐

c) 2 + 0,18 + 1,32 = ☐

d) 0,730 + 5,508 + 0,974 = ☐

e) 0,630 + 4,035 = ☐

f) 0,94 + 0,36 = ☐

20. Efetue as subtrações.

```
  0,7        3,4        7,3
- 0,5      - 1,7      - 2,8
-----      -----      -----
```

```
  2,5        4,0        9,6
- 1,9      - 3,2      - 5,7
-----      -----      -----
```

21. Arme e efetue as subtrações.

a) 6 − 3,62 = ☐

b) 0,096 − 0,058 = ☐

c) 8,32 − 2,78 = ☐

22. Arme e efetue as subtrações e adições.

a) 8 − 2,72 = ☐

b) 4,26 − 2,68 = ☐

c) 0,85 − 0,36 = ☐

d) 0,75 + 0,14 = ☐

e) 3,28 + 2,34 = ☐

Multiplicação de números decimais

> Na multiplicação de números decimais, efetuamos a multiplicação como se fossem números naturais. Depois, colocamos a vírgula no produto, contando da direita para a esquerda o total de casas decimais dos fatores.
>
> 12,1 ← 1 casa decimal
> × 0,05 ← 2 casas decimais
> 0,605 ← 3 casas decimais

23. Efetue as seguintes multiplicações.

```
  0,8        0,7       32,3
×   2      ×   6      ×   4
─────      ─────      ─────
```

```
  3,6        2,5        6,8
×   3      ×   5      ×   7
─────      ─────      ─────
```

```
  4,1       16,4        5,9
×   5      ×   2      ×   2
─────      ─────      ─────
```

24. Arme e efetue estas multiplicações.

a) 0,2 × 8 = ☐

b) 6 × 0,4 = ☐

c) 3 × 0,6 = ☐

d) 10,3 × 0,3 = ☐

e) 0,5 × 5 = ☐

f) 13,5 × 4 = ☐

25. Efetue as multiplicações.

```
  3,41        8,65        26,7
×    7      ×    5      ×  0,7
─────       ─────       ─────
```

```
  0,83        3,41       22,54
×    4      ×    8      ×    6
─────       ─────       ─────
```

```
   9,8       16,75         6,3
×  3,6      ×   12       ×  2,4
─────       ─────        ─────
```

26. Arme e efetue as multiplicações.

a) 4,7 × 0,3 = ☐

b) 24,6 × 0,6 = ☐

c) 3,72 × 3 = ☐

d) 5,9 × 0,3 = ☐

e) 22,4 × 0,7 = ☐

f) 13,62 × 2 = ☐

Multiplicação de um número decimal por 10, 100, 1000

> Para multiplicar um número decimal por 10, 100 ou 1000, deslocamos a vírgula uma, duas ou três casas para a direita.

27. Efetue as multiplicações.

a) 0,62 × 10 =

b) 17,23 × 10 =

c) 1,38 × 100 =

d) 3,5 × 1000 =

e) 6,745 × 100 =

f) 0,009 × 100 =

g) 3,54 × 10 =

h) 15,2 × 100 =

i) 0,02 × 1000 =

Divisão de um número decimal por 10, 100, 1000

> Para dividir um número decimal por 10, 100 ou 1000, deslocamos a vírgula uma, duas ou três casas para a esquerda.

28. Efetue as divisões.

a) 6,2 ÷ 100 =

b) 8 ÷ 1000 =

c) 774,2 ÷ 1000 =

d) 53,6 ÷ 100 =

e) 98,5 ÷ 10 =

f) 2,5 ÷ 10 =

g) 0,04 ÷ 10 =

h) 0,7 ÷ 100 =

i) 2,576 ÷ 1000 =

29. Efetue as divisões:

a) 186,3 ÷ 10 = ☐
   186,3 ÷ 100 = ☐
   186,3 ÷ 1000 = ☐

b) 437,2 ÷ 10 = ☐
   437,2 ÷ 100 = ☐
   437,2 ÷ 1000 = ☐

c) 0,368 ÷ 10 = ☐
   0,368 ÷ 100 = ☐
   0,368 ÷ 1000 = ☐

d) 9,85 ÷ 10 = ☐
   9,85 ÷ 100 = ☐
   9,85 ÷ 1000 = ☐

e) 0,125 ÷ 10 = ☐
   0,125 ÷ 100 = ☐
   0,125 ÷ 1000 = ☐

f) 15,05 ÷ 10 = ☐
   15,05 ÷ 100 = ☐
   15,05 ÷ 1000 = ☐

Bloco 13: Grandezas e medidas

CONTEÚDO

MEDIDAS DE TEMPO
- Horas, minutos e segundos
- Intervalos de tempo
- Problemas

MEDIDAS DE TEMPO

Horas, minutos e segundos

O segundo é a unidade básica de medida de tempo.

Símbolo: s

Unidades maiores que o segundo:

- minuto min

    1 minuto = 60 segundos

- hora h

    1 hora = 60 minutos = 3 600 segundos.

1. Escreva a hora marcada em cada relógio.

a)

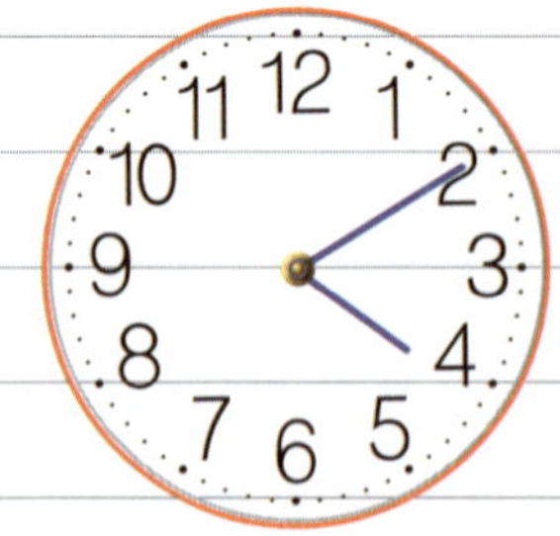

b)

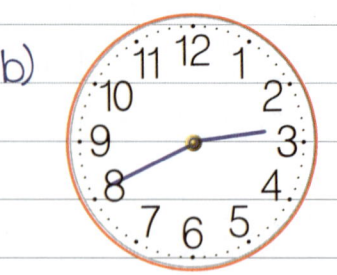

c)

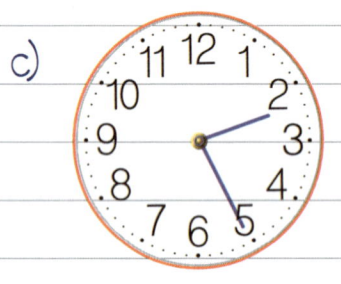

d)

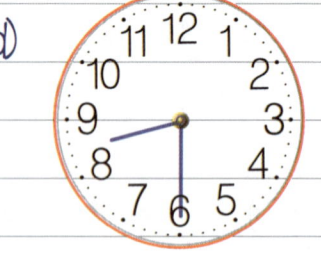

e)

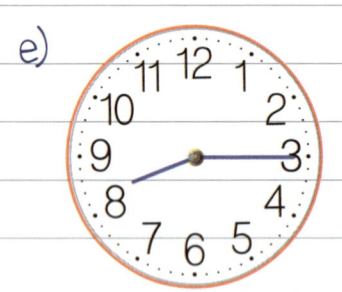

f)

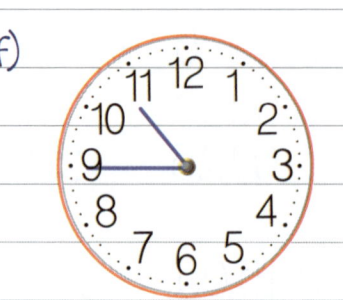

> Para converter medidas de tempo, multiplicamos ou dividimos por 60.
> - 1 hora = 60 minutos
> - 1 minuto = 60 segundos

2. Responda.

a) Calcule quantas horas há em:

- 180 min
- 240 min
- 480 min
- 540 min
- 360 min
- 600 min

b) Calcule quantos minutos há em:

- 3h
- 8h
- 4h 30min
- 6h
- 2h 3min
- 12h
- 9h
- meia hora

c) Calcule quantos segundos há em:

- 2 min

- 5 min

- 4 min

- 1 min

- 10 min

- 15 min

- 35 min

- 40 min

Intervalos de tempo

3. Desenhe os ponteiros dos relógios em cada situação, indicando as horas.

a) 6 horas depois.

b) 3 horas e 10 minutos depois.

c) 45 minutos depois.

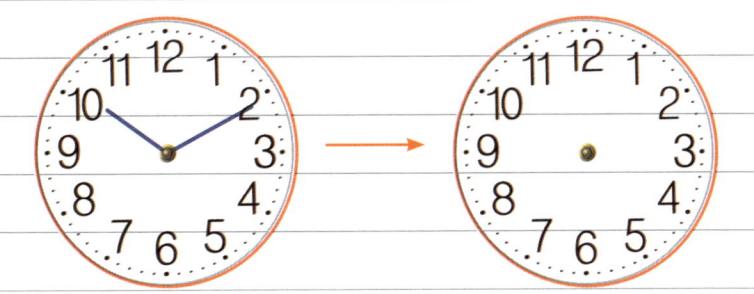

e) 2h e 30 min antes.

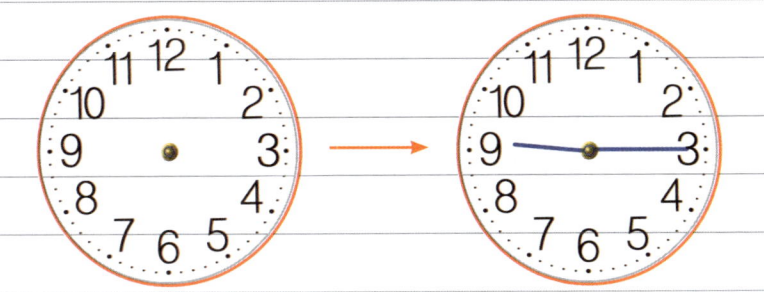

d) 8 horas antes.

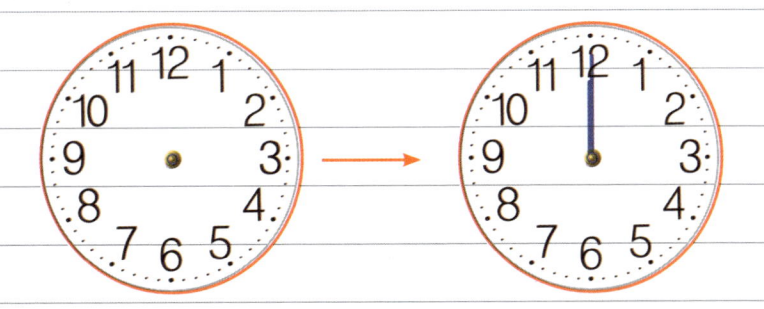

f) 55 minutos antes.

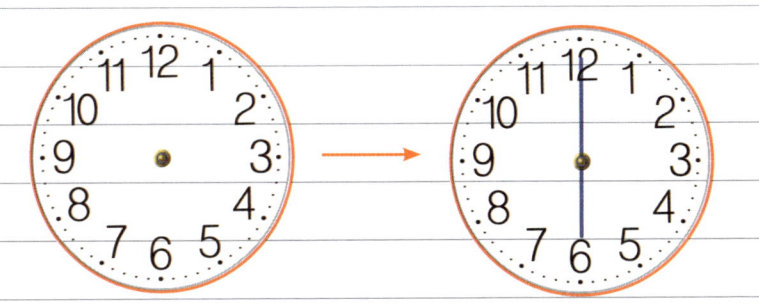

107

Problemas

4. Luna foi ao cinema para a sessão das 14h. Se a duração do filme é de 1h 45min, a que horas vai terminar o filme?

Resposta:

5. Hoje à noite João vai assistir a um filme na televisão que começará às 19h 20min.
Se o filme tem duração de 2h 15min, a que horas terminará o filme?

Resposta:

6. Um ônibus partiu da rodoviária às 18h 10min.
A primeira parada se deu às 21h 25min.

a) Quanto tempo decorreu até a primeira parada?

Resposta:

b) A parada foi de 30 minutos apenas. Que horas o ônibus saiu após a 1ª parada?

Resposta:

Bloco 14: Grandezas e medidas

CONTEÚDO

MEDIDAS DE COMPRIMENTO
- O metro, o centímetro, o milímetro e o quilômetro
- Perímetro

MEDIDAS DE CAPACIDADE
- O litro e o mililitro
- Problemas

MEDIDAS DE MASSA
- O quilograma, o grama e o miligrama
- Problemas

MEDIDAS DE COMPRIMENTO

O metro, o centímetro, o milímetro e o quilômetro

O **metro** é a unidade padrão de medida de comprimento.

Símbolo: **m**

- Para medir grandes comprimentos, usamos o **quilômetro**.

  quilômetro **km** 1 km = 1000 m

- Para medir pequenos comprimentos, usamos o **centímetro** e o **milímetro**.

  centímetro **cm** 1 cm = 0,01 m

  milímetro **mm** 1 mm = 0,001 m

1. Complete.

a) O _____ é a unidade fundamental de medida de comprimento. Seu símbolo é ____.

b) O centímetro e o milímetro são unidades _____ que o metro.
1 cm = _____ m
1 mm = _____ m.

c) O quilômetro é uma unidade maior que o _____.
1 km = _____ m.

109

2. Complete.

- 1 m = _____ km.

- 1 m = _____ mm.

- 1 m = _____ cm.

3. Observe os exemplos e escreva estas medidas por extenso.

a) 12 m

b) 2,45 m

c) 0,5 m

d) 0,05 m

e) 1,20 m

f) 1,50 m

g) 0,90 m

h) 2,30 m

i) 0,01 m

j) 1,05 m

k) 0,001 m

l) 0,1 m

4. Observe o quadro e indique a que grupo pertence cada uma dessas pessoas.

Grupo	Estatura em metros
A	de 1,16 a 1,20
B	de 1,21 a 1,25
C	de 1,26 a 1,30
D	de 1,31 a 1,35
E	de 1,36 a 1,40
F	de 1,41 a 1,45
G	de 1,46 a 1,50

1,43 m   1,28 m   1,34 m   1,22 m

grupo: grupo: grupo: grupo:

5. Escreva as medidas na unidade solicitada.

a) 7,2 km = ☐ m

b) 145 cm = ☐ m

c) 95 cm = ☐ m

d) 1500 mm = ☐ m

e) 8000 mm = ☐ m

f) 1,5 km = ☐ m

6. Escreva as medidas na unidade solicitada.

a) 8000 m = ☐ km

b) 1000 cm = ☐ m

c) 1000 m = ☐ km

d) 100 m = ☐ km

e) 2500 cm = ☐ m

f) 5000 cm = ☐ m

g) 5000 mm = ☐ m

h) 5000 m = ☐ cm

i) 100 cm = ☐ m

j) 3500 m = ☐ km

k) 430 m = ☐ km

l) 1 m = ☐ mm

m) 1 cm = ☐ mm

n) 2,5 cm = ☐ mm

o) 1,08 km = ☐ m

p) 1,5 km = ☐ m

q) 0,9 km = ☐ m

Perímetro

- **Perímetro** de um polígono é a medida de seu contorno.
- Para calcular o perímetro de um polígono, somam-se as medidas de seus lados.

7. Calcule o perímetro dos polígonos.

a) Paralelogramo A: lados 4,5 cm, 2,5 cm, 4,5 cm, 2,5 cm

Perímetro do paralelogramo A: _____ cm

b) Triângulo B: lados 2 cm, 4 cm, 5 cm

Perímetro do triângulo B: _____ cm

c)

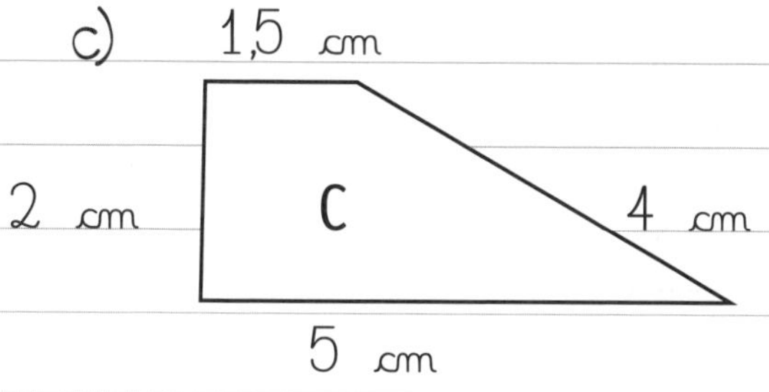
1,5 cm
2 cm
C
4 cm
5 cm

Perímetro do trapézio C: _______ cm

d)

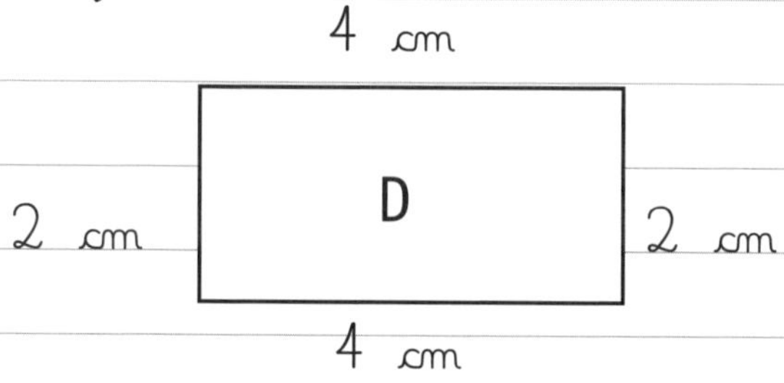
4 cm
2 cm
D
2 cm
4 cm

Perímetro do retângulo D: _______ cm

e)

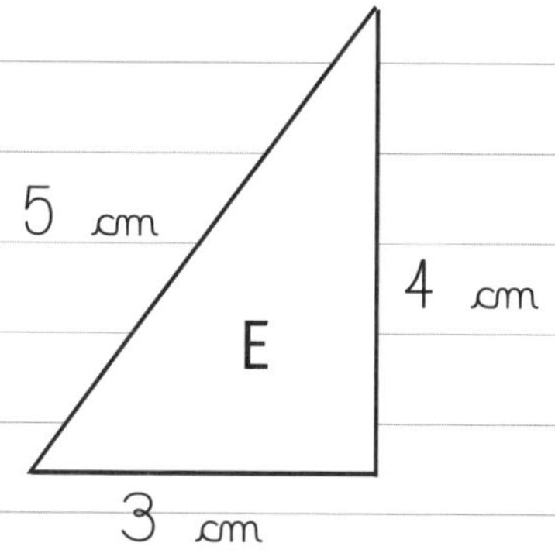
5 cm
4 cm
E
3 cm

Perímetro do triângulo E: _______ cm

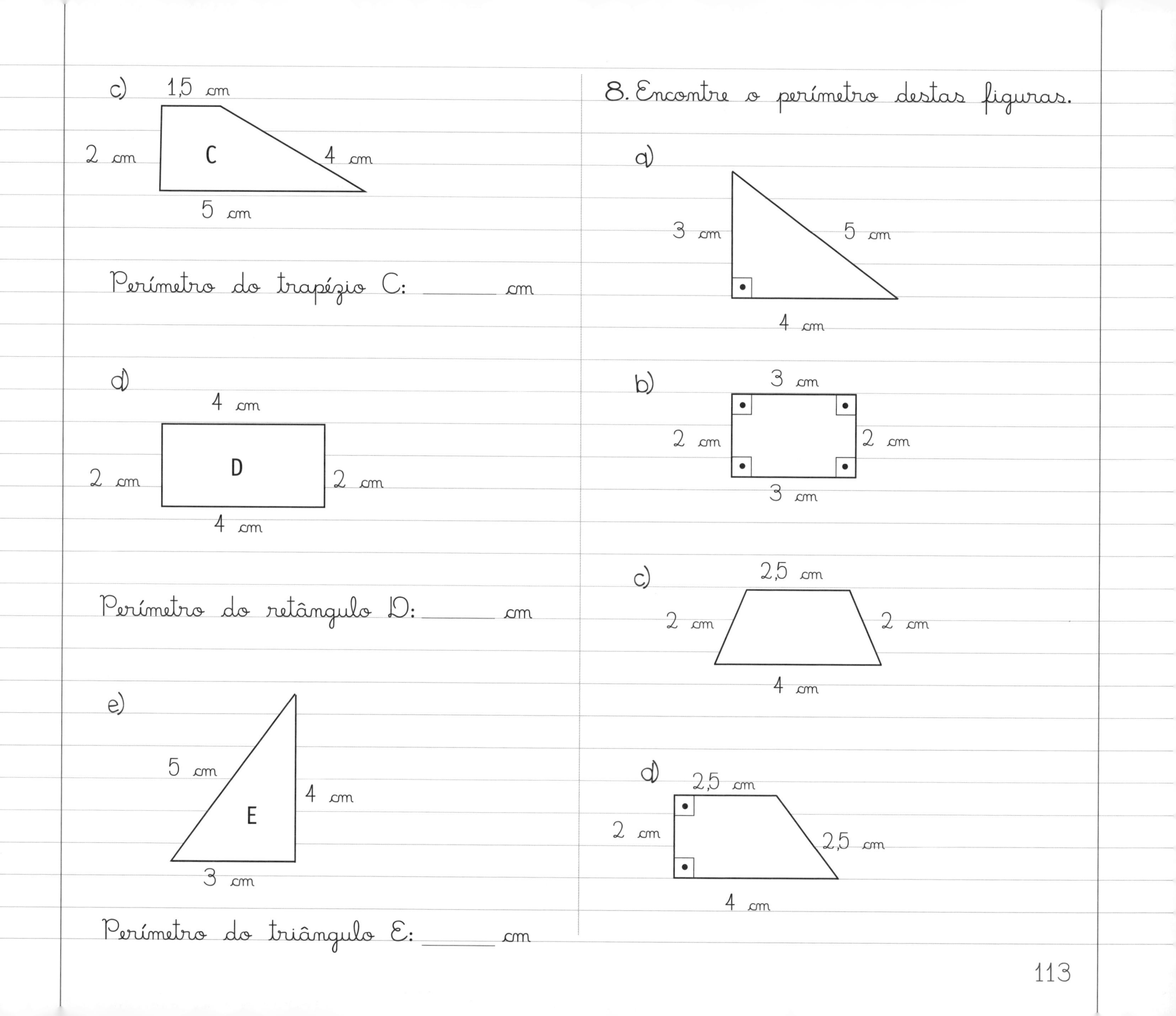

8. Encontre o perímetro destas figuras.

a)

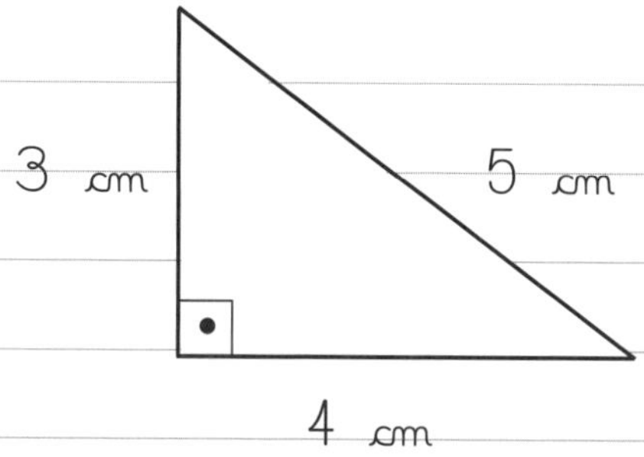
3 cm
5 cm
4 cm

b)

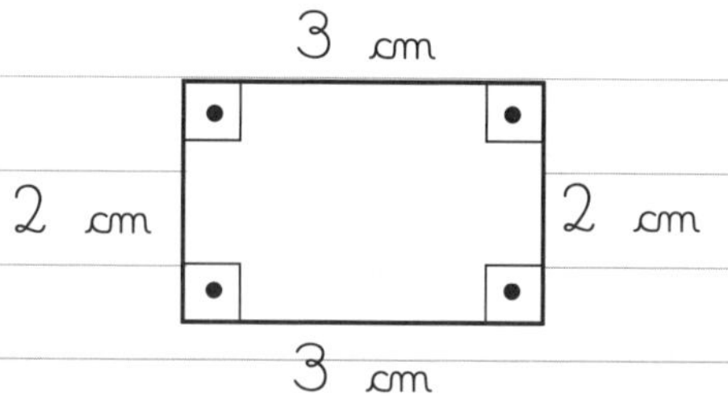
3 cm
2 cm
2 cm
3 cm

c)

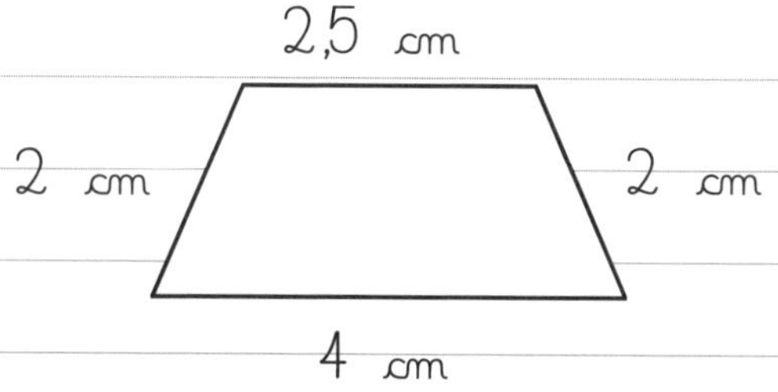
2,5 cm
2 cm
2 cm
4 cm

d)

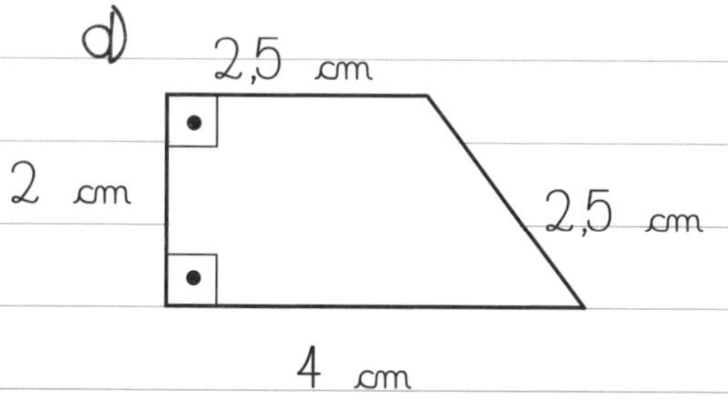
2,5 cm
2 cm
2,5 cm
4 cm

9. Calcule o perímetro das figuras.

a) Retângulo: 6 cm, 3 cm, 3 cm, 6 cm

b) Triângulo: 2,5 cm, 4,5 cm, 6 cm

c) Triângulo: 4 cm, 4 cm, 3 cm

d) Triângulo: 2 cm, 4 cm, 3 cm

e) Triângulo: 2 cm, 2 cm, 2 cm

f) Triângulo: 3,6 cm, 3,6 cm, 4,8 cm

g) Paralelogramo: 6,4 cm, 3,7 cm, 6,4 cm, 3,7 cm

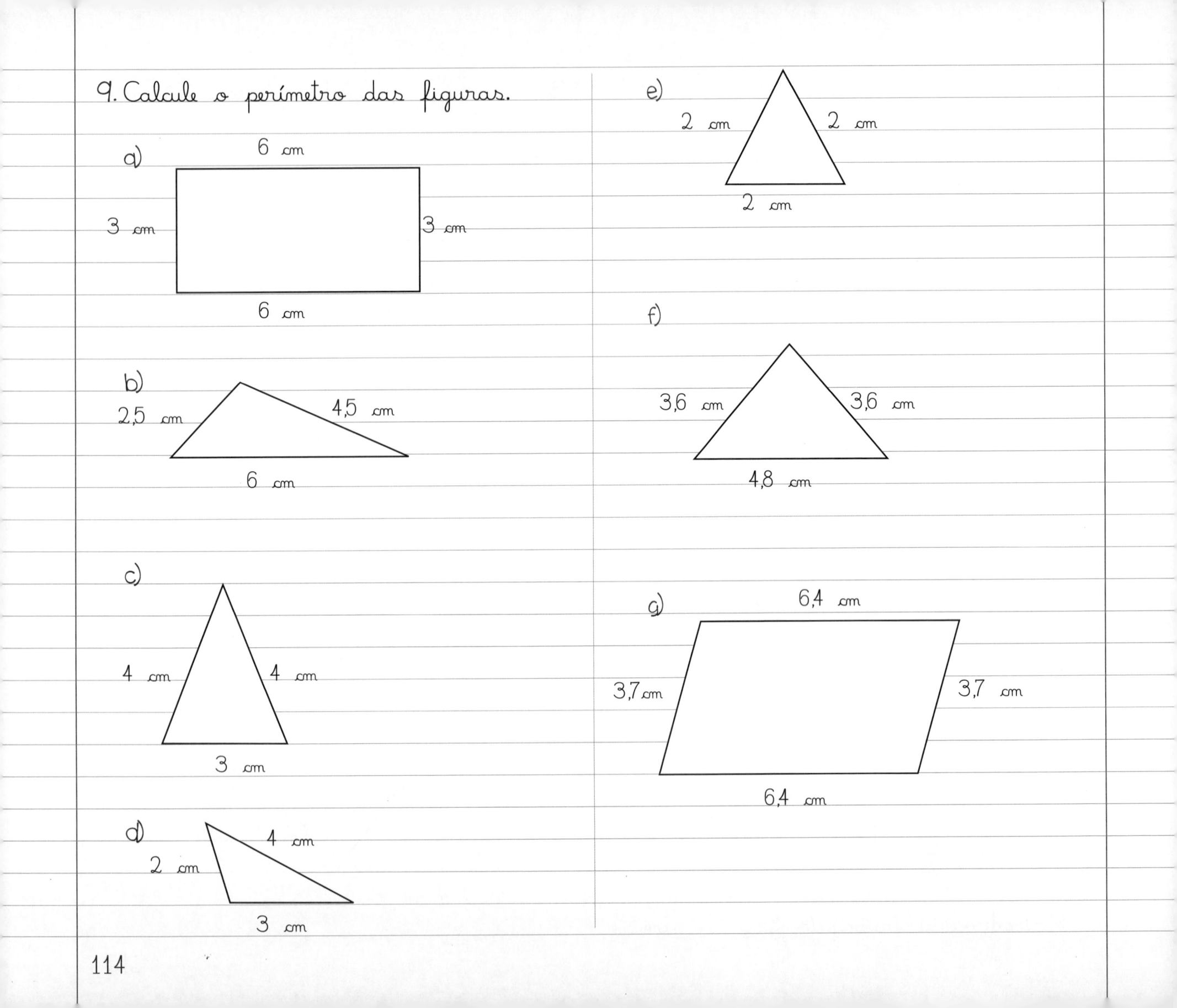

MEDIDAS DE CAPACIDADE

O litro e o mililitro

O **litro** é a unidade básica de medida de capacidade.

Símbolo: **L**

O litro representa a capacidade de um recipiente em forma de cubo, com 10 cm de aresta.

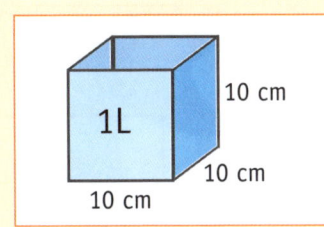

Outras unidades usuais derivadas do litro:

- mililitro **mL**   1 mL = 0,001 L
- centilitro **cL**   1 cL = 0,01 L
- decilitro **dL**   1 dL = 0,1 L

10. Complete.

a) O _____ é a unidade fundamental de medida de capacidade. Seu símbolo é ___.

b) O mililitro é uma unidade derivada, mil vezes _____ do que o litro.

c) O mililitro é a milésima parte do litro. Assim:

_____ mL = 1 L.

d) O centilitro é a centésima parte do litro. Assim:

_____ cL = 1 L.

e) O decilitro é a décima parte do litro. Assim:

_____ dL = 1 L

11. Complete.

a) Em um recipiente de 1 litro cabem _____ mL.

b) Em um recipiente de meio litro cabem _____ mL.

c) Em um recipiente de um quarto de litro cabem _____ mL.

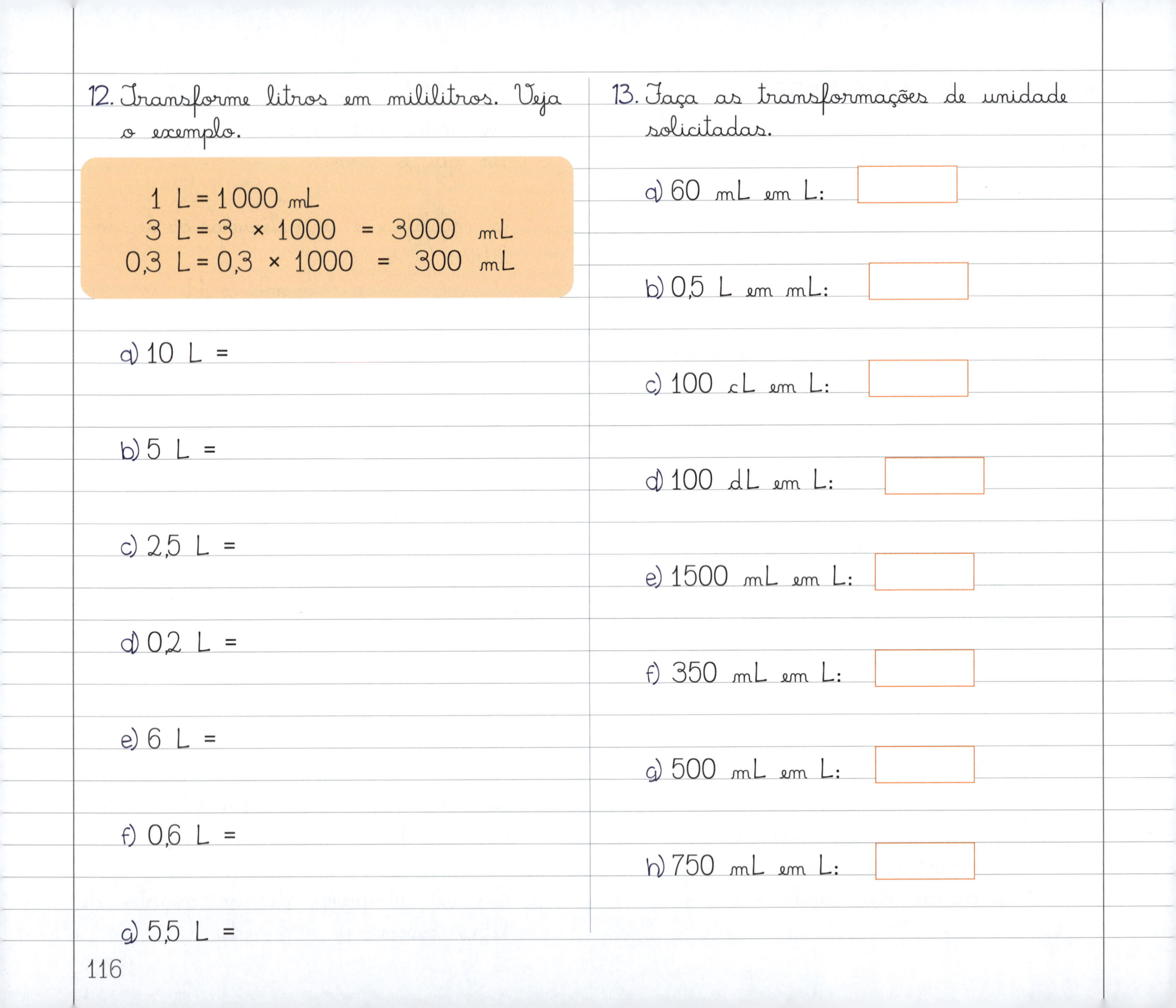

12. Transforme litros em mililitros. Veja o exemplo.

> 1 L = 1000 mL
> 3 L = 3 × 1000 = 3000 mL
> 0,3 L = 0,3 × 1000 = 300 mL

a) 10 L =

b) 5 L =

c) 2,5 L =

d) 0,2 L =

e) 6 L =

f) 0,6 L =

g) 5,5 L =

13. Faça as transformações de unidade solicitadas.

a) 60 mL em L:

b) 0,5 L em mL:

c) 100 cL em L:

d) 100 dL em L:

e) 1500 mL em L:

f) 350 mL em L:

g) 500 mL em L:

h) 750 mL em L:

Problemas

14. Em um recipiente de 1 litro, cabem quantos copinhos de um medicamento de 50 mililitros?

Resposta:

15. Com uma garrafa de 1 litro de suco, preenchi 5 copos. Qual é a capacidade desses copos em mililitros?

Resposta:

16. Um garrafão de 20 litros de água podem encher quantos copos de 250 mililitros?

Resposta:

17. No rótulo do frasco de um colírio está escrito: conteúdo 5 mL. Vamos considerar que uma gota tem em média 0,05 mL. Quantas gotas estão contidas nesse frasco?

Resposta:

MEDIDAS DE MASSA

O quilograma, o grama e o miligrama

A unidade padrão de massa é o quilograma.

Símbolo: **kg**

1 quilograma equivale a 1000 gramas.

1 kg = 1000 g

Para medir grandes massas, usamos a tonelada.

tonelada **t**   1t = 1000 kg

Para medir pequenas massas, usamos o miligrama, o centigrama e o decigrama.

decigrama **dg**   1 dg = 0,1 g

centigrama **cg**   1 cg = 0,01 g

miligrama **mg**   1 mg = 0,001 g

Temos também outras unidades como arroba e quilate.

1 arroba = 15 quilogramas

O quilate é utilizado quando se refere a pedras preciosas.

1 quilate = 0,2 g

---

18. Complete:

a) O miligrama é uma unidade _____ que o grama.

b) O miligrama equivale à milésima parte do _____.

c) 1 grama corresponde a _____ miligramas.

d) 1 grama corresponde a _____ centigramas.

e) 1 grama corresponde a _____ decigramas.

19. Complete.

a) 1 quilograma corresponde a _____ gramas.

b) 1 tonelada corresponde a _____ quilogramas.

c) 1 arroba corresponde a _____ quilogramas.

20. Transforme em gramas.

a) 2 kg = ☐ g

b) 0,007 kg = ☐ g

c) $\frac{1}{2}$ kg = ☐ g

d) $\frac{3}{4}$ kg = ☐ g

e) 800 mg = ☐ g

f) 400 cg = ☐ g

g) 300 mg = ☐ g

h) 10 g = ☐ mg

i) 6,8 g = ☐ mg

21. Transforme em quilogramas.

a) 250 g = _____ kg

b) 5000 g = _____ kg

c) 100 g = _____ kg

d) 50 g = _____ kg

22. Complete.

a) Metade de 1 quilo é _____ g.

b) Um quarto de 1 quilo é _____ g.

c) Um quinto de 1 quilo é _____ g.

d) Três quartos de 1 quilo é _____ g.

e) 2 arrobas equivalem a _____ kg.

f) 10 arrobas equivalem a _____ kg.

g) 10 toneladas equivalem a _____ kg.

23. Agrupe as peças de forma que cada grupo fique com 1 kg. Que peça vai sobrar?

A 500 g   B 250 g   C 100 g   D 100 g   E 750 g
F 250 g   G 50 g   H 250 g   I 750 g   J 100 g

1º grupo   2º grupo   3º grupo

Sobra a peça ☐.

Problemas

24. Um anúncio diz:

> Cotação média do arroba do boi em Mato Grosso atinge 300 reais.

Qual foi o preço atingido por 1 kg?

Resposta:

25. Uma notícia de rádio diz:

> O preço do arroba do boi era de 320 reais e teve uma queda de 15 %.

Para quanto foi o preço do arroba?

Resposta:

26. Um caminhão VUC (veículo urbano de carga), para circular em área urbana, não pode carregar mais de 3 toneladas de carga.

VUC - veículo urbano de carga

Veja as cargas que José precisa carregar hoje.

1 t 800 kg 750 kg 200 kg 450 kg

Ele pode carregar toda a carga? Para levar carga máxima, qual carga (ou quais cargas) deve deixar?

Resposta:

Bloco 15: Grandezas e medidas

CONTEÚDO

MEDIDAS DE TEMPERATURA
- Temperatura ambiente
- Temperatura máxima e temperatura mínima
- Variações de temperatura
- Gráficos e tabelas
- Gráfico de colunas justapostas

TEMPERATURA CORPORAL

MEDIDAS DE TEMPERATURA

O aparelho que usamos para medir as temperaturas é o **termômetro**.

A unidade de medida de temperatura é o grau Celsius (°C).

- Na escala Celsius, 0 °C corresponde ao ponto de congelamento da água.
- Na escala Celsius, 100 °C corresponde ao ponto de ebulição da água.

Temperatura ambiente

Para verificar a temperatura ambiente, em geral consultamos o aparelho celular.

Veja uma tela mostrando as temperaturas previstas para dez dias.

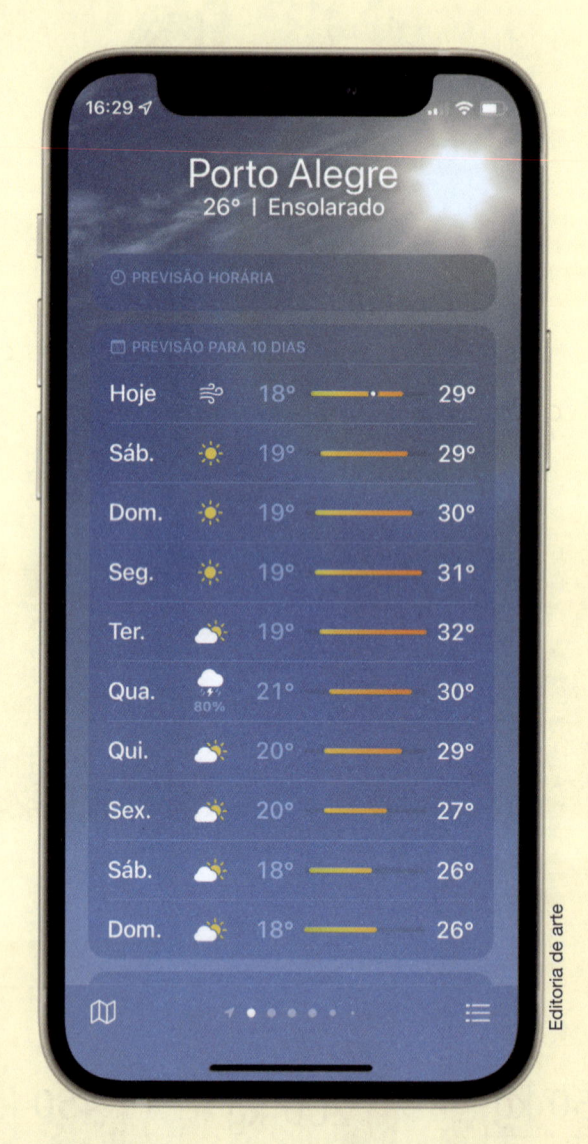

Porto Alegre			
26° | Ensolarado			
Hoje		18°	29°
Sáb.		19°	29°
Dom.		19°	30°
Seg.		19°	31°
Ter.		19°	32°
Qua.	80%	21°	30°
Qui.		20°	29°
Sex.		20°	27°
Sáb.		18°	26°
Dom.		18°	26°

Temperatura máxima e temperatura mínima

> Observe que essa tela mostra o nome da cidade e as temperaturas máximas e mínimas previstas para dez dias.

1. Observe a imagem da página anterior e responda.

   a) Essas temperaturas se referem a que cidade?

   _____

   b) Qual era a temperatura registrada no momento?

   _____

   c) Nesse dia, qual foi a temperatura máxima registrada?

   _____

   d) Qual foi a temperatura mínima registrada?

   _____

   e) De quanto foi a variação de temperatura nesse dia?

   _____
   _____

   f) Qual é a temperatura máxima prevista para esses dez dias?

   _____

   g) Qual é a temperatura mínima prevista para o período?

   _____

   h) Preencha os quadros a seguir. Consulte as temperaturas em algum aparelho celular ou na internet.

Temperatura mínima prevista	Temperatura agora	Temperatura máxima prevista

Variações de temperatura

2. Vamos registrar num quadro as variações de temperatura previstas para os próximos 10 dias.

Dias	Temperatura máxima (°C)	Temperatura mínima (°C)	Variação de temperatura (°C)
Hoje	29	18	11
Sáb	29	19	
Dom	30	19	
Seg	31	19	
Ter	32	19	
Qua	30	21	
Qui	29	20	
Sex	27	20	
Sáb	26	18	
Dom	26	18	

a) Complete a tabela indicando a variação da temperatura prevista para cada dia.

b) De quanto é a maior variação da temperatura?

c) De quanto é a menor variação da temperatura?

3. Hoje o dia amanheceu com sol e atingiu a temperatura máxima de 32°C à tarde. De madrugada, a temperatura baixou até 20°C. De quanto foi a variação de temperatura?

Resposta:

124

4. Observe nestes quadros as temperaturas de duas cidades A e B, num mesmo dia 25 de abril.

Cidade A
Abril
Dia 25   5ª-feira
Máx. 17 °C
Mín. 10 °C

Cidade B
Abril
Dia 25   5ª-feira
Máx. 31 °C
Mín. 27 °C

a) Qual foi a variação de temperatura nesse dia na Cidade A?

b) Qual foi a variação de temperatura nesse dia na Cidade B?

c) A variação de temperatura nesse dia foi maior em qual das cidades?

d) Nesse dia, qual foi a diferença de temperatura máxima entre as duas cidades?

Gráficos e tabelas

5. Joana construiu uma tabela marcando as temperaturas máximas atingidas durante uma semana.

Temperaturas máximas (°C) na semana de 7 a 13 de julho						
Dom	2ª	3ª	4ª	5ª	6ª	Sáb
32 °C	33 °C	31 °C	28 °C	26 °C	25 °C	27 °C

a) Usando os dados da tabela, complete este gráfico de colunas.

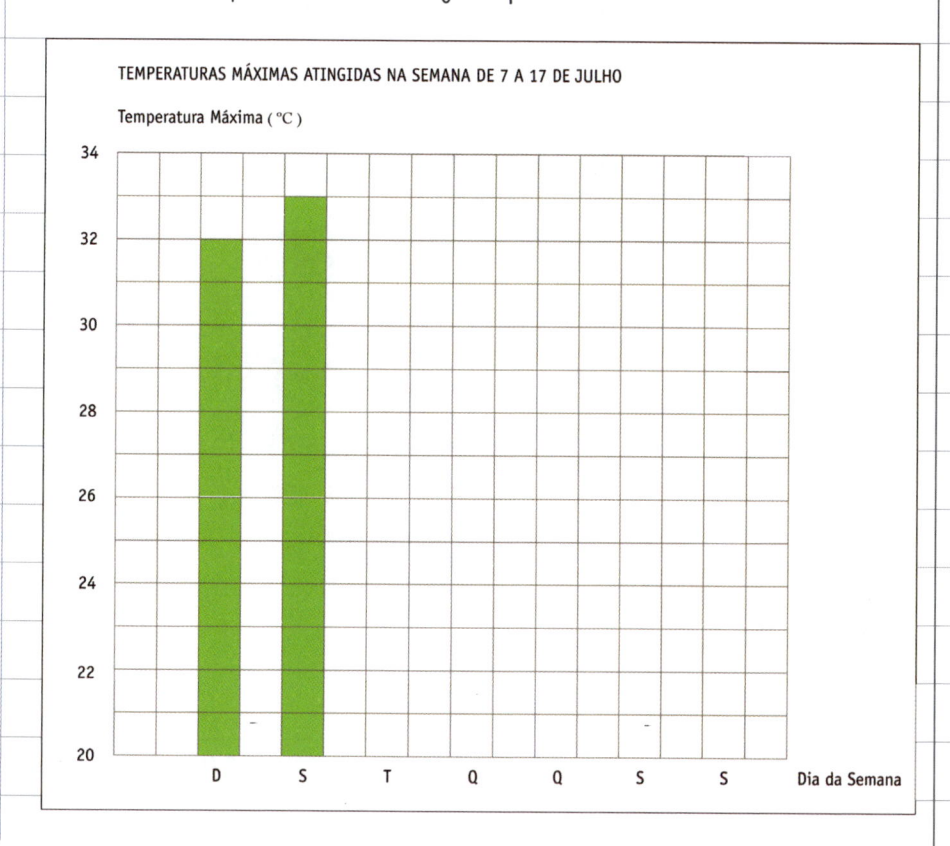

TEMPERATURAS MÁXIMAS ATINGIDAS NA SEMANA DE 7 A 17 DE JULHO

Temperatura Máxima (°C)

Dia da Semana

b) O que aconteceu com as temperaturas máximas nessa semana?

6. Este mapa apresenta as temperaturas máxima e mínima de algumas cidades brasileiras.

Temperaturas mínimas e máximas em algumas capitais do Brasil em 21/07/2021

Fonte: INMET. Previsão de tempo. Disponível em <portal.inmet.gov.br> Acesso em 21 jul. 2021.

a) Cite uma cidade que apresenta tempo chuvoso.

b) Qual cidade apresentou temperatura máxima mais elevada?

c) Qual cidade apresentou temperatura mínima mais baixa?

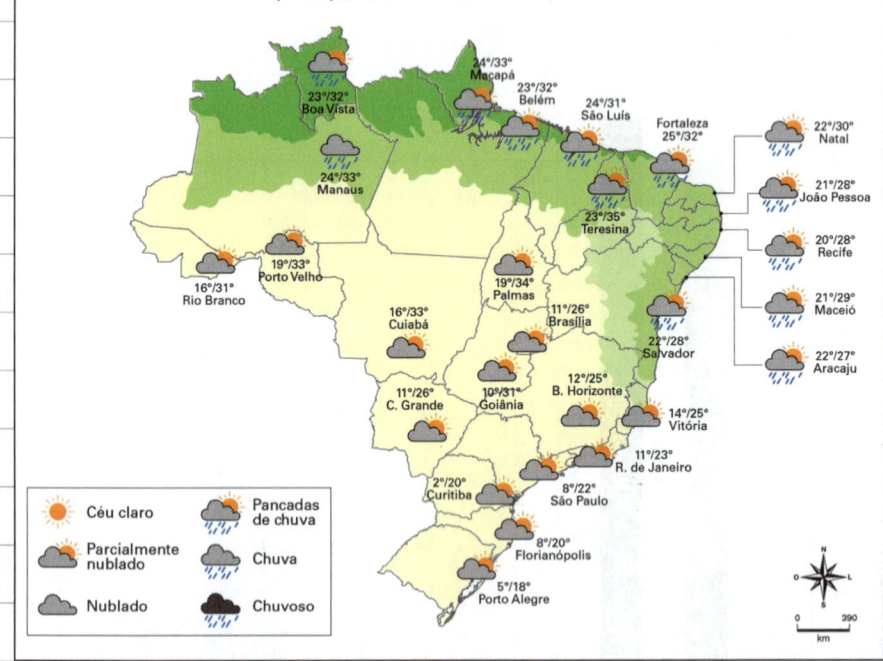

Gráfico de colunas justapostas

7. Vamos indicar numa tabela as temperaturas máxima e mínima registradas em Santa Bárbara durante 4 dias.

Dias	Máxima	Mínima
Sábado	26 °C	18 °C
Domingo	24 °C	18 °C
Segunda-feira	27 °C	18 °C
Terça-feira	31 °C	19 °C

Vamos apresentar num mesmo gráfico as duas temperaturas (máxima e mínima) nesses 4 dias.

Esse tipo de gráfico se chama gráfico de colunas justapostas.

Complete o gráfico de acordo com a tabela.

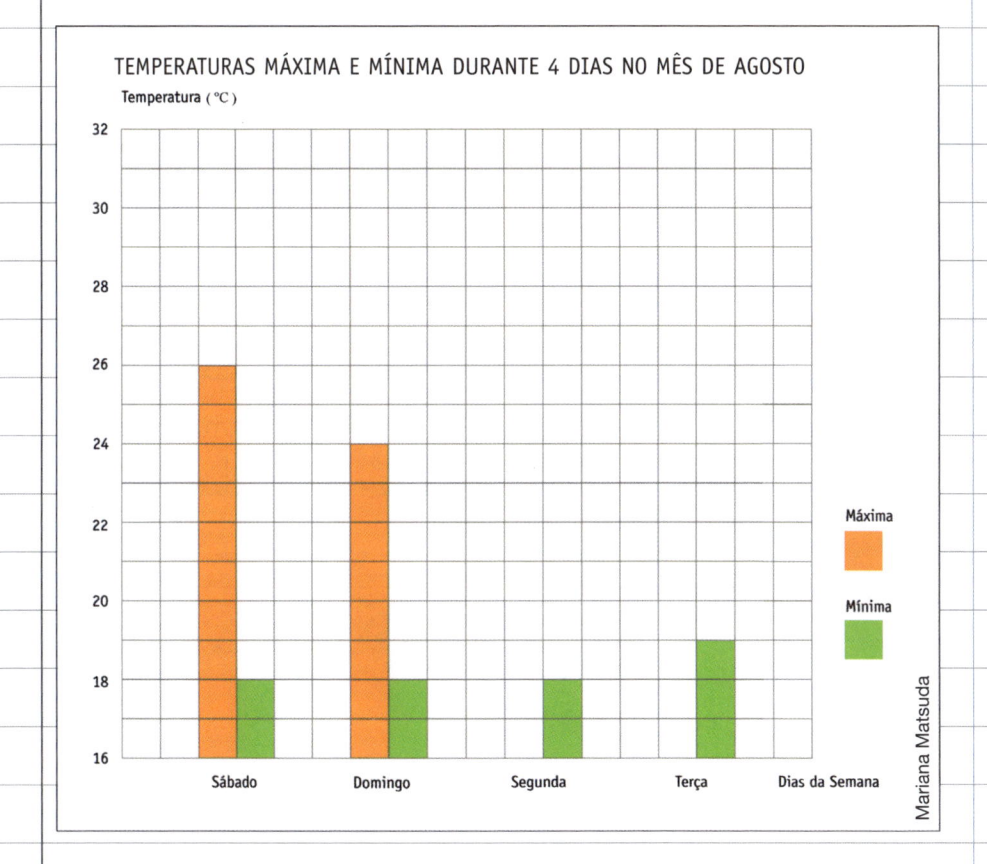

TEMPERATURAS MÁXIMA E MÍNIMA DURANTE 4 DIAS NO MÊS DE AGOSTO

TEMPERATURA CORPORAL

O termômetro digital usado para medir a temperatura do nosso corpo é o **termômetro clínico**.

Se o termômetro indicar acima de 37 graus, significa que o paciente está com febre.

8. Mamãe mediu a temperatura de Fábio, que amanheceu indisposto. O termômetro indicou 38 graus. Ele está com febre?

Resposta:

127

Bloco 16: Probabilidade e estatística

CONTEÚDO

ANÁLISE DE CHANCES

LEITURA DE GRÁFICOS
- Gráfico pictórico
- Gráficos e tabelas
- Coleta de dados em pesquisas

ANÁLISE DE CHANCES

1. Num jogo de dardos, arremessam-se dardos contra um alvo circular apoiado numa superfície vertical como uma parede.

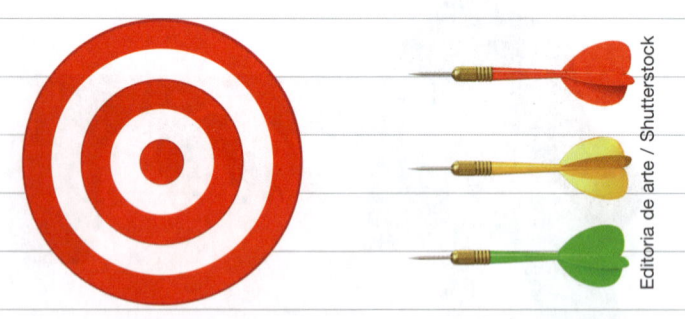

Alvo.   Dardos.

Fátima e Gustavo estão brincando de jogar dardos.

a) É provável ou improvável que Fátima acerte o centro do alvo? Por quê?

b) As chances de Gustavo acertar na área branca é maior ou menor do que a chance de acertar na área vermelha? Por quê?

c) Desenhe um alvo circular com 2 cores, de forma que as chances de acertar sejam iguais nas duas cores.

2. Desta vez, a brincadeira é com uma roleta, de 4 cores.

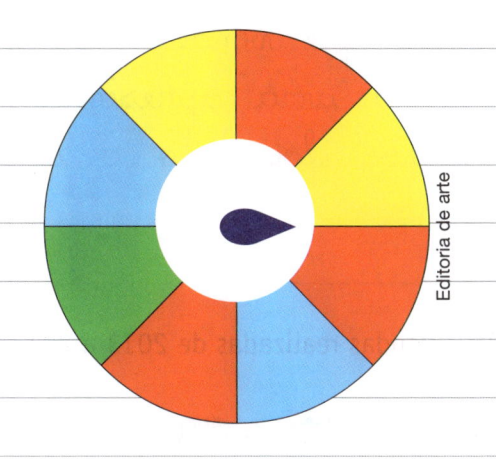

a) Se você fosse escolher uma cor que tenha maiores chances de sair, qual você escolheria?

b) Fátima escolheu a cor azul e Gustavo escolheu a cor amarela. Quem tem maior chance de ganhar?

c) Qual é a cor com menor chance de sair?

d) Qual é a chance de sair a cor preta?

LEITURA DE GRÁFICOS

Gráfico pictórico

Gráfico pictórico ou **pictograma** são gráficos que utilizam imagens para torná-lo mais atrativo. Podem ser de barras ou de colunas.

3. Este gráfico pictórico representa o consumo de sorvete em alguns países.

SORVETE SÓ NO CALOR

País	Consumo anual de sorvete por pessoa
Nova Zelândia	263 bolas
Estados Unidos	255 bolas
Austrália	178 bolas
Suíça	144 bolas
Dinamarca	92 bolas
Itália	82 bolas
França	54 bolas
Alemanha	38 bolas
Brasil	31 bolas

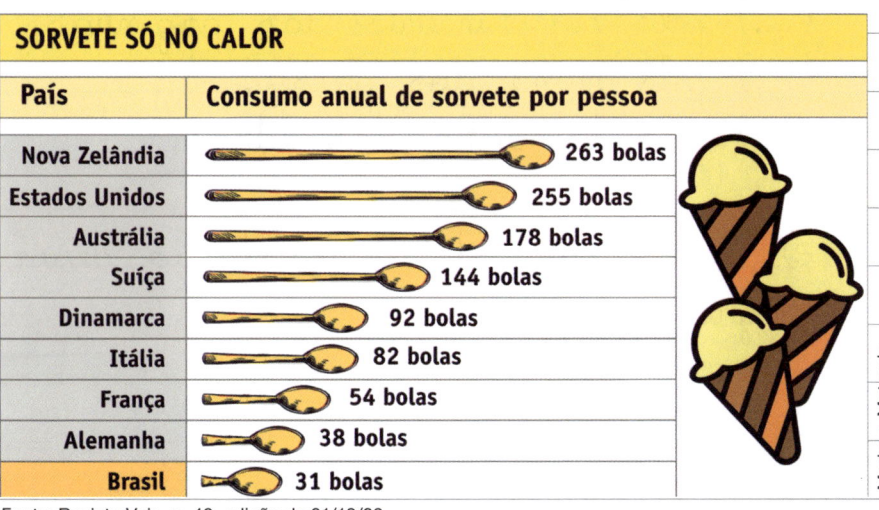

Fonte: Revista Veja, p. 40, edição de 01/10/03.

Observe esse gráfico pictórico e responda.

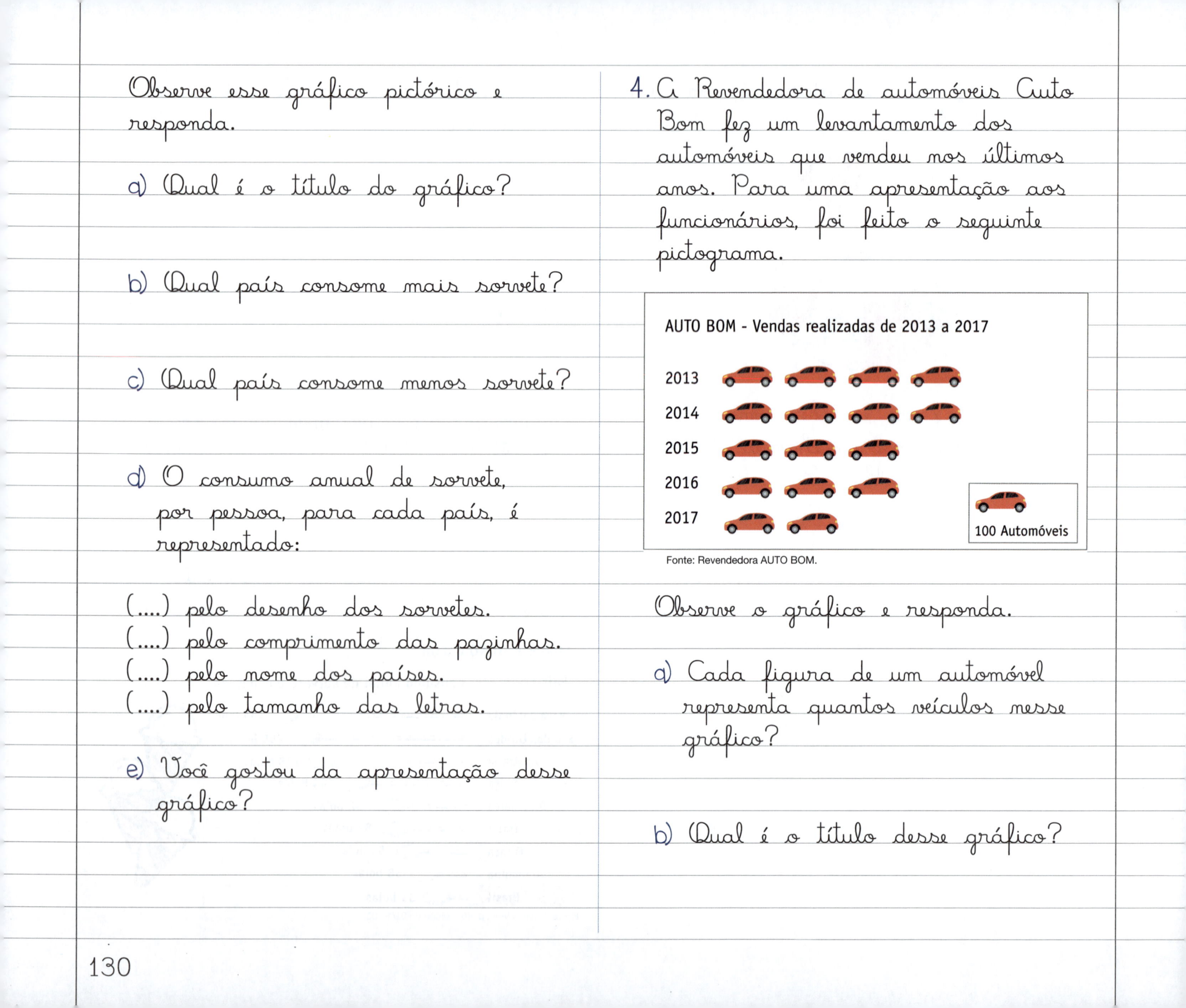

a) Qual é o título do gráfico?

b) Qual país consome mais sorvete?

c) Qual país consome menos sorvete?

d) O consumo anual de sorvete, por pessoa, para cada país, é representado:

(....) pelo desenho dos sorvetes.
(....) pelo comprimento das pazinhas.
(....) pelo nome dos países.
(....) pelo tamanho das letras.

e) Você gostou da apresentação desse gráfico?

4. A Revendedora de automóveis Auto Bom fez um levantamento dos automóveis que vendeu nos últimos anos. Para uma apresentação aos funcionários, foi feito o seguinte pictograma.

AUTO BOM - Vendas realizadas de 2013 a 2017

2013 — 🚗🚗🚗🚗
2014 — 🚗🚗🚗🚗🚗
2015 — 🚗🚗🚗🚗
2016 — 🚗🚗🚗
2017 — 🚗🚗

🚗 = 100 Automóveis

Fonte: Revendedora AUTO BOM.

Observe o gráfico e responda.

a) Cada figura de um automóvel representa quantos veículos nesse gráfico?

b) Qual é o título desse gráfico?

130

c) Essas vendas se referem a quais anos?

d) Quantos automóveis foram vendidos no ano de 2015?

e) A quantidade de automóveis vendidos aumentou ou diminuiu nesses 5 anos?

f) Em qual ano a venda de automóveis foi menor?

g) Qual foi o total de automóveis vendidos nesses 5 anos?

Gráficos e tabelas

5. Na escola de Jorge tem árvores frutíferas. Os alunos foram até elas e coletaram folhas de algumas delas e montaram um gráfico.

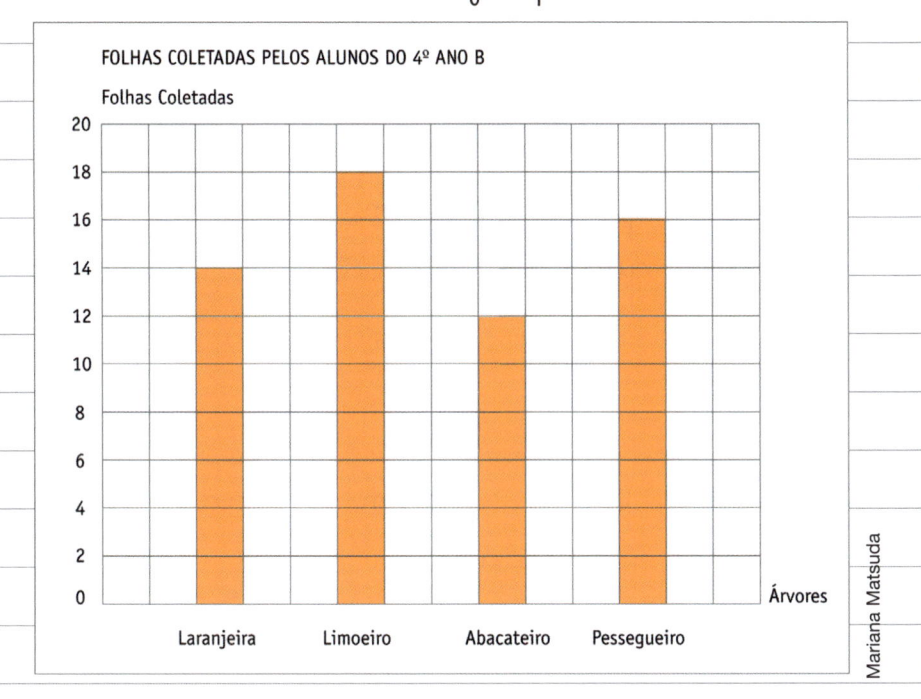

FOLHAS COLETADAS PELOS ALUNOS DO 4º ANO B

Com os dados do gráfico, preencha esta tabela.

Folhas coletadas pelos alunos do 4º ano B				
	Laranjeira	Limoeiro	Abacateiro	Pessegueiro
Folhas coletadas				

Observando a tabela, responda:

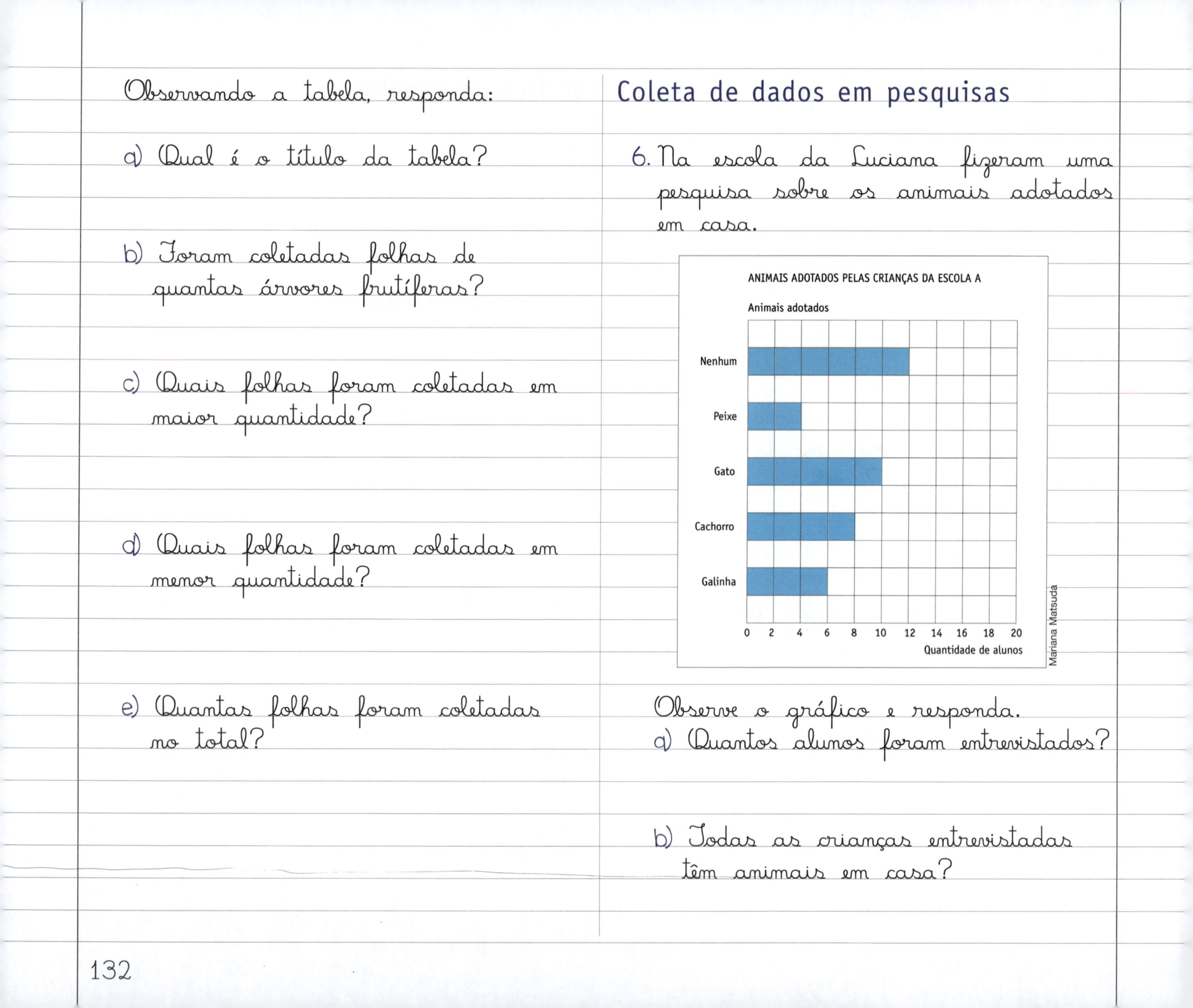

a) Qual é o título da tabela?

b) Foram coletadas folhas de quantas árvores frutíferas?

c) Quais folhas foram coletadas em maior quantidade?

d) Quais folhas foram coletadas em menor quantidade?

e) Quantas folhas foram coletadas no total?

Coleta de dados em pesquisas

6. Na escola da Luciana fizeram uma pesquisa sobre os animais adotados em casa.

ANIMAIS ADOTADOS PELAS CRIANÇAS DA ESCOLA A

Animais adotados

Animal	Quantidade de alunos
Nenhum	12
Peixe	4
Gato	10
Cachorro	8
Galinha	6

Observe o gráfico e responda.

a) Quantos alunos foram entrevistados?

b) Todas as crianças entrevistadas têm animais em casa?

c) Quantas crianças têm gato em casa?

d) Quantas dessas famílias criam galinha?

e) Você tem algum animal em casa?

7. Escolha um tema e faça uma pesquisa com os colegas da sala de aula.

Sugestão de temas:
- Passatempo preferido: assistir TV, andar de bicicleta, caminhar, jogar videogame...
- Sobremesa preferida: pudim, salada de frutas, bolo, sorvete...
- Sanduíche preferido: queijo, presunto, hambúrguer...

Prepare o questionário e mãos à obra!

Tema: _____

Perguntas:
_____
_____
_____
_____
_____
_____
_____
_____

PLANIFICAÇÃO DO PRISMA DE BASE TRIANGULAR

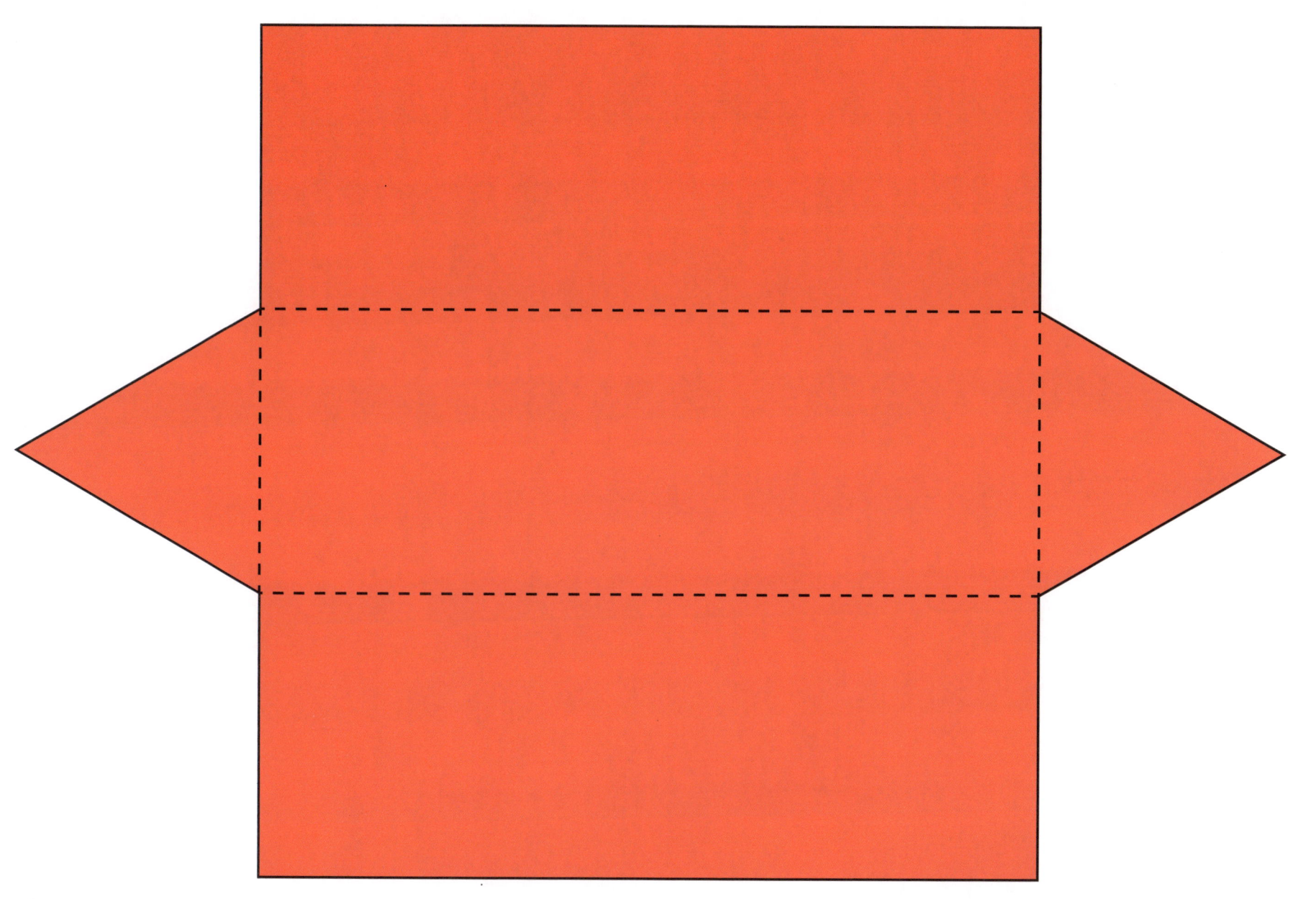

_____ Recortar
- - - - - - - Dobrar

PLANIFICAÇÃO DO PRISMA DE BASE QUADRADA

_____ Recortar
- - - - - - - Dobrar

PLANIFICAÇÃO DO PRISMA DE BASE PENTAGONAL

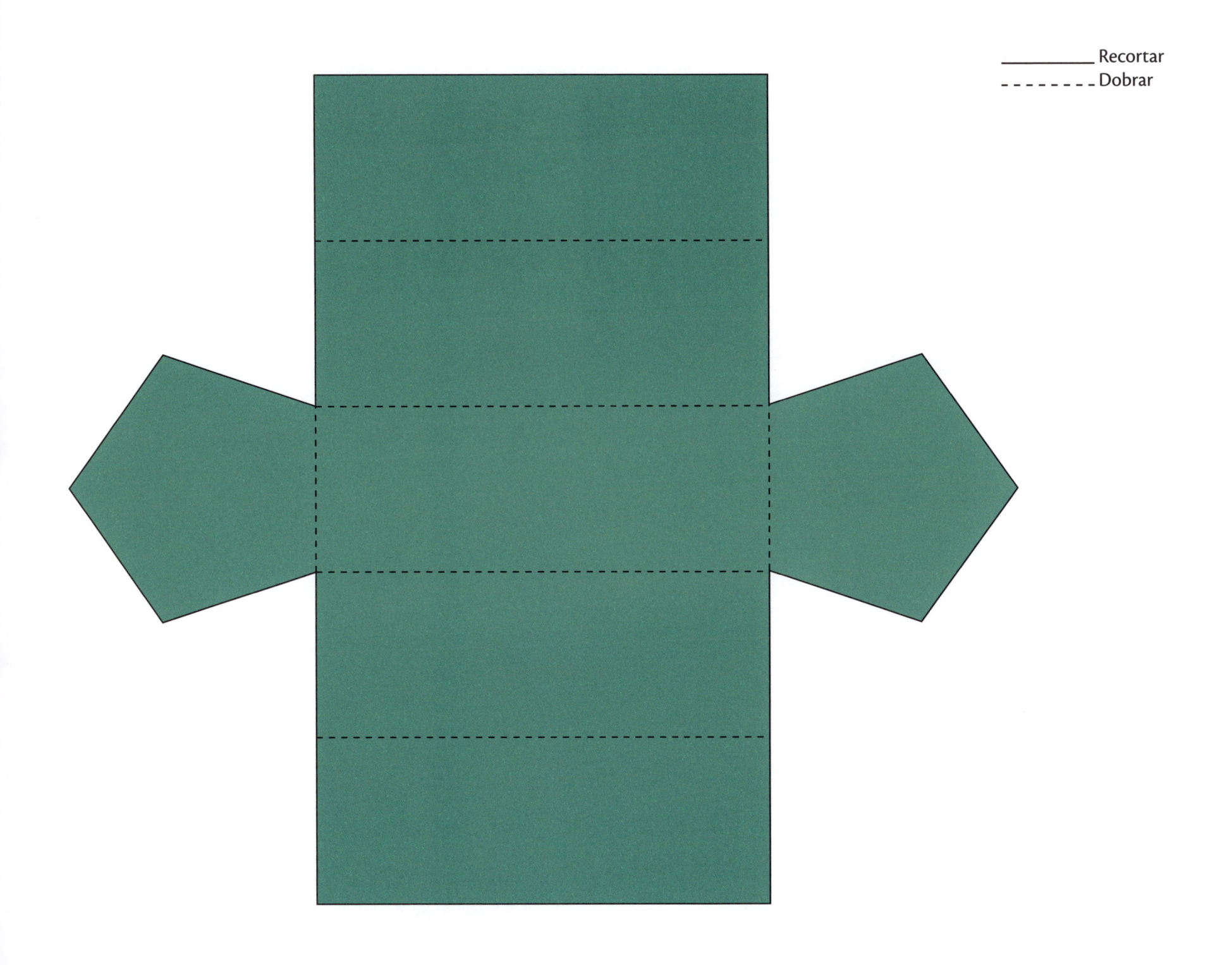

_____ Recortar
- - - - - - - Dobrar

PLANIFICAÇÃO DO PRISMA DE BASE HEXAGONAL

_____ Recortar
- - - - - - - Dobrar

PLANIFICAÇÃO DA PIRÂMIDE DE BASE QUADRADA

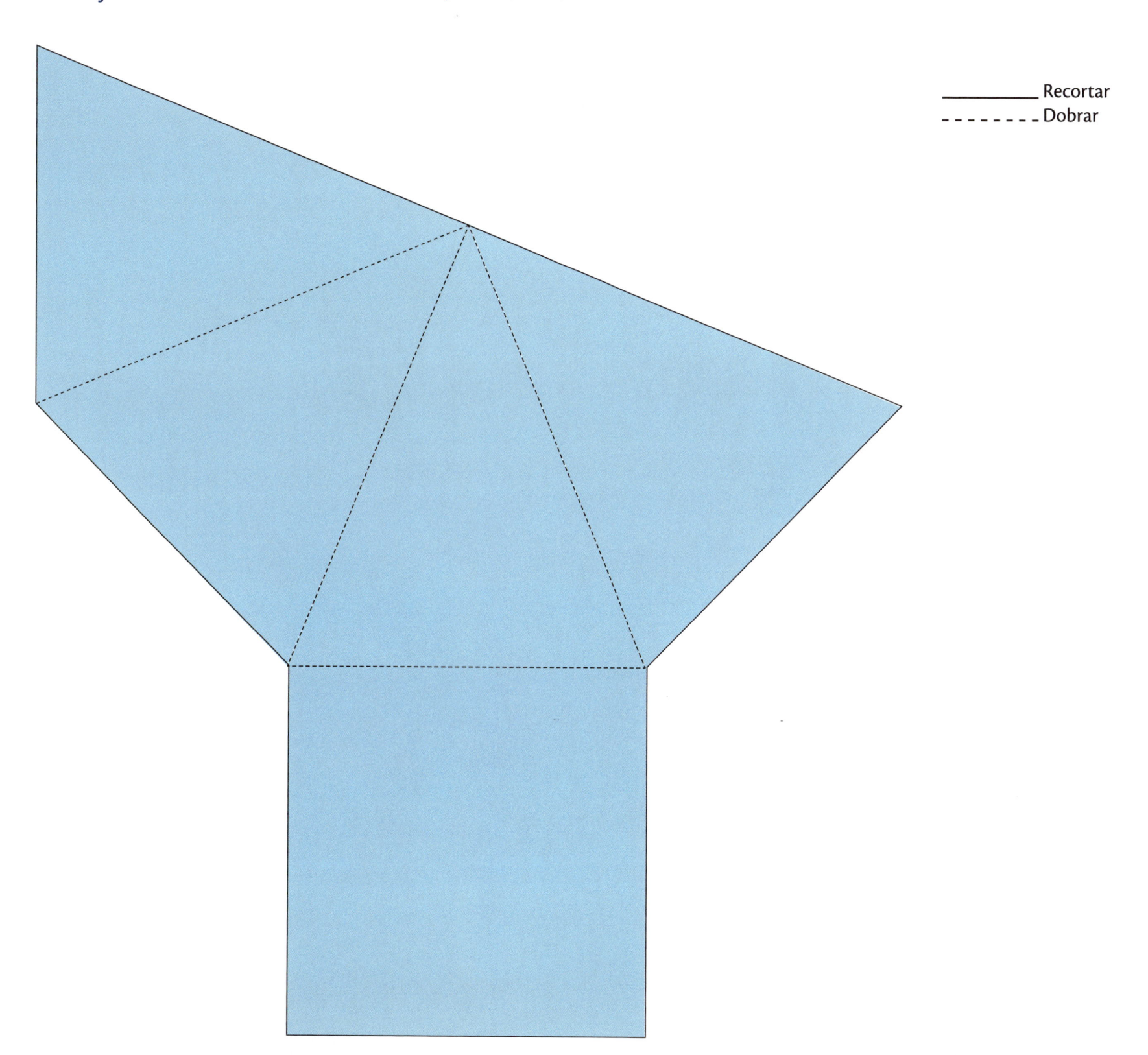

Recortar
Dobrar

PLANIFICAÇÃO DA PIRÂMIDE DE BASE TRIANGULAR

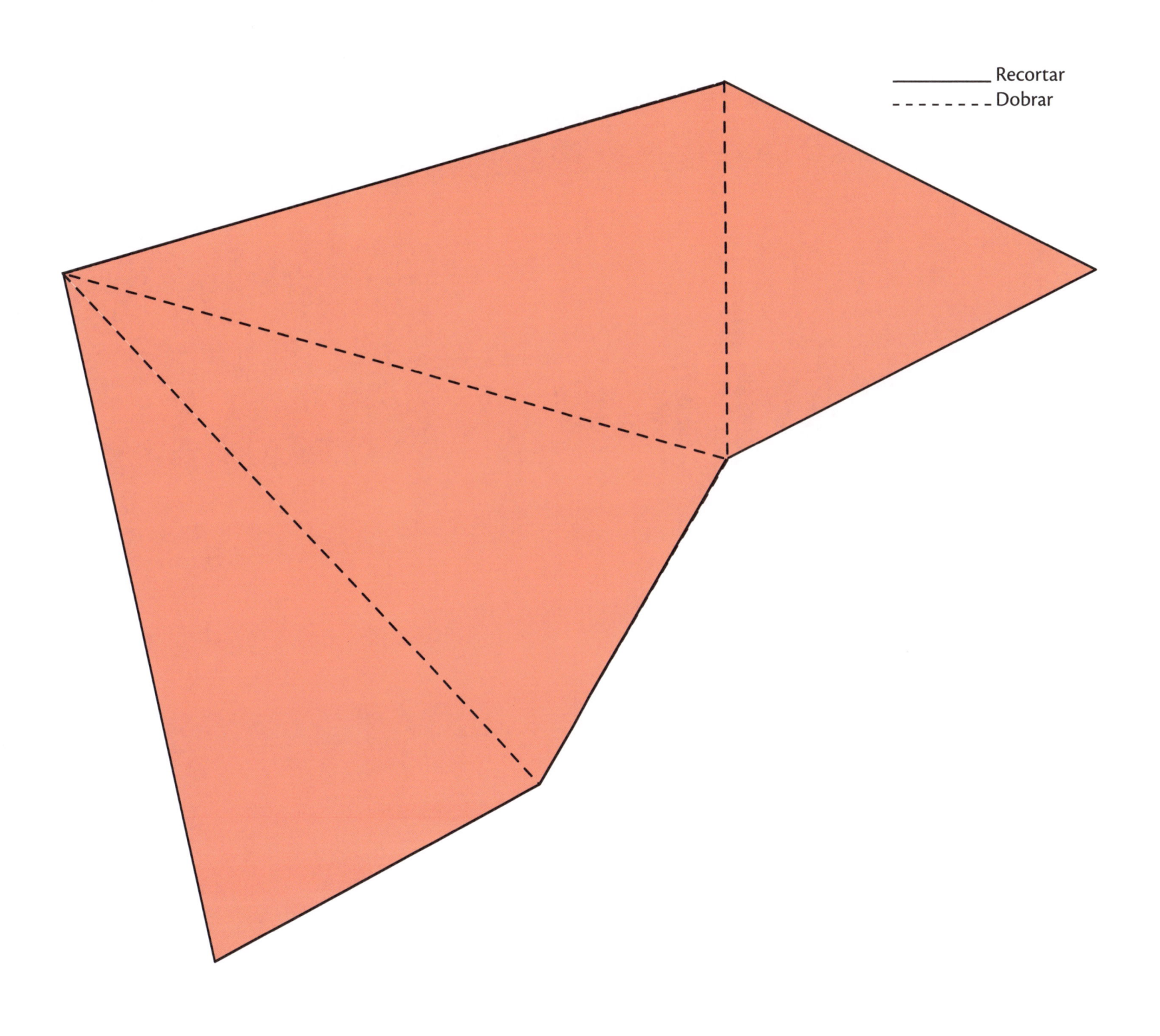

——— Recortar
- - - - Dobrar

PLANIFICAÇÃO DA PIRÂMIDE DE BASE PENTAGONAL

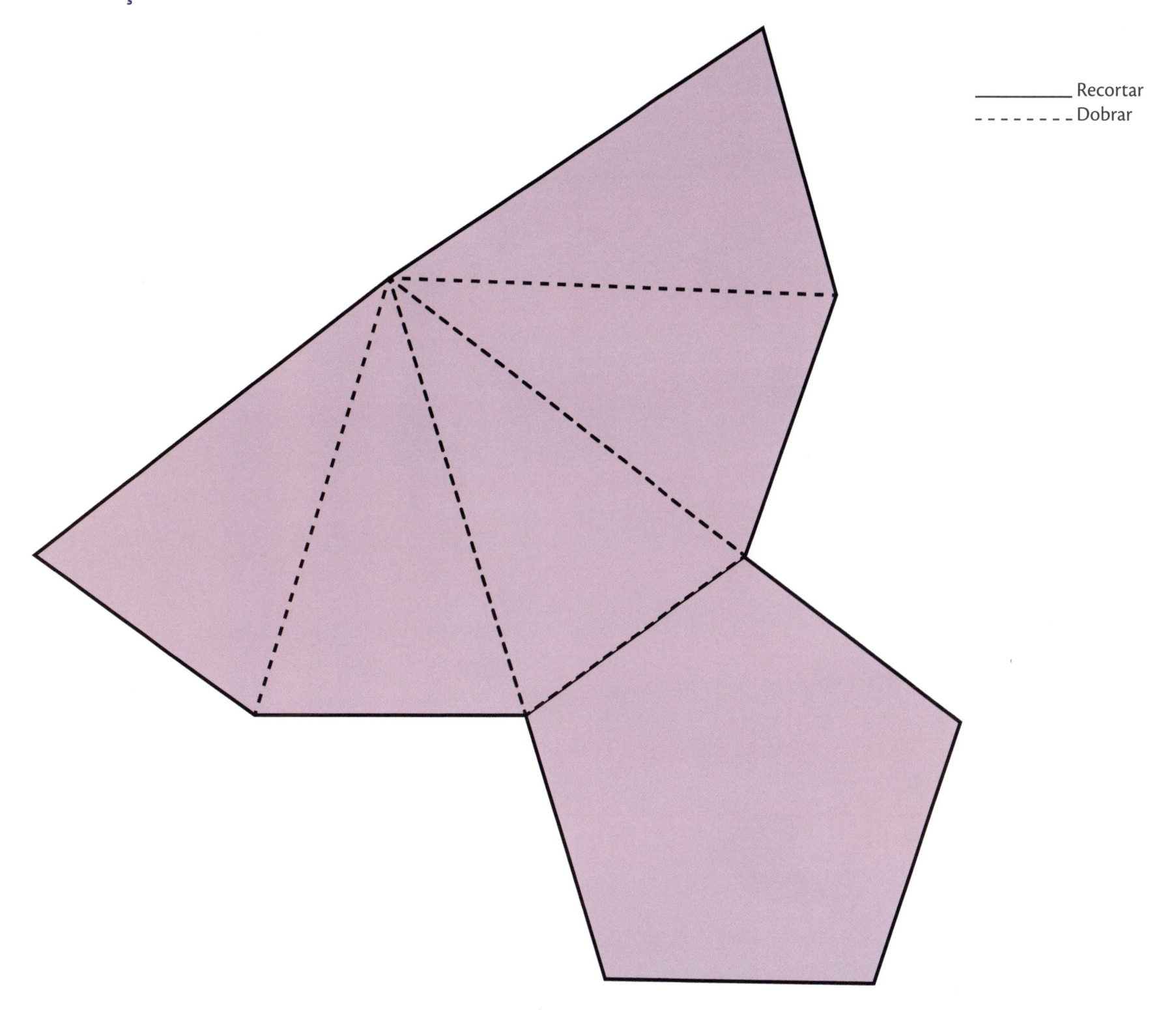

——————— Recortar
- - - - - - - Dobrar

PLANIFICAÇÃO DA PIRÂMIDE DE BASE HEXAGONAL

PLANIFICAÇÃO DA PIRÂMIDE DE BASE HEXAGONAL

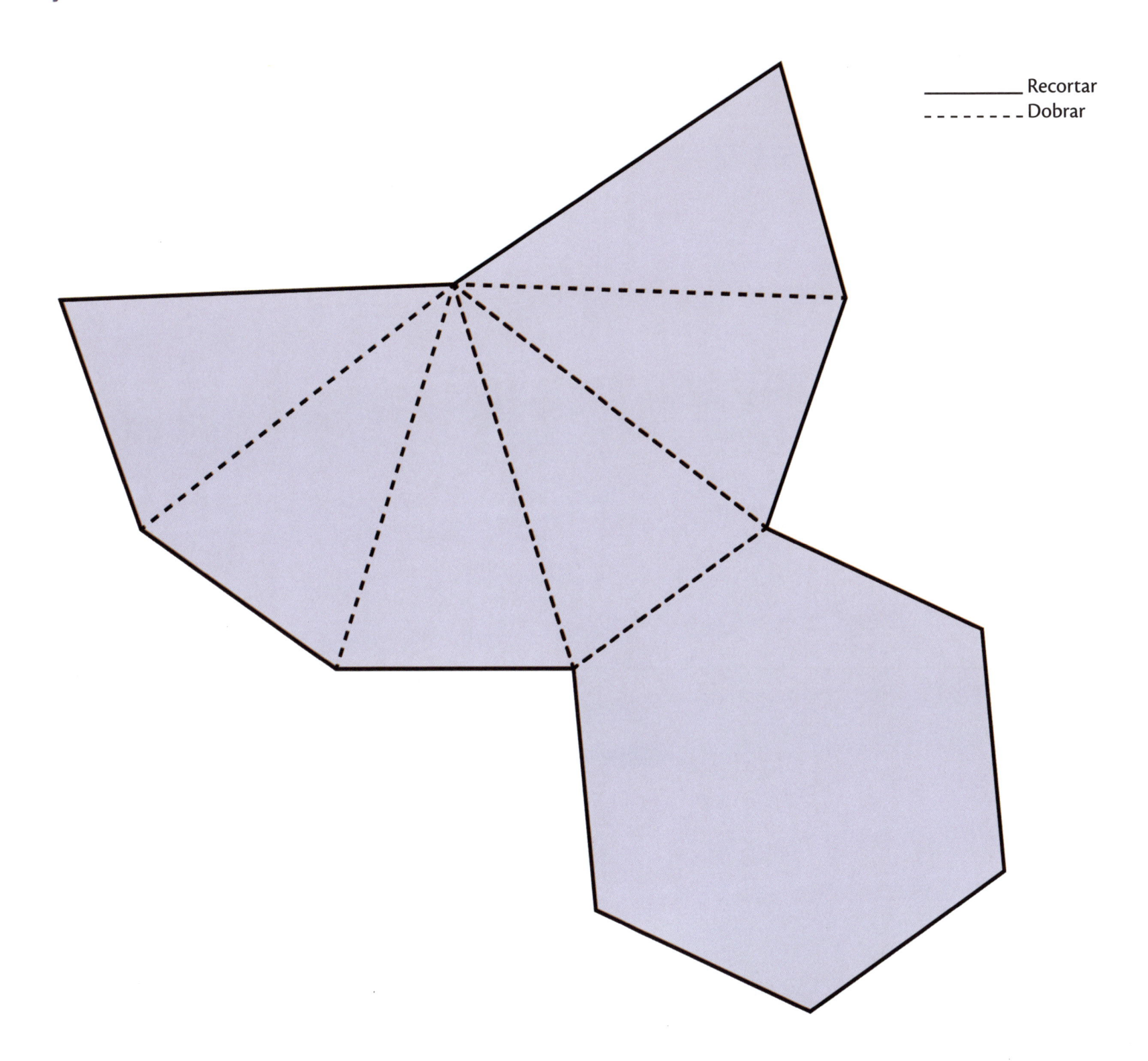

——— Recortar
- - - - - Dobrar

FICHAS (COMPOSIÇÃO E DECOMPOSIÇÃO)

1000	1000	1000	1000	1000	1000
1000	1000	1000	1000	1000	1000

100	100	100	100	100	100	100	100
100	100	100	100	100	100	100	100

10	10	10	10	10	10	10	10	10	10
10	10	10	10	10	10	10	10	10	10

1	1	1	1	1	1	1	1	1	1
1	1	1	1	1	1	1	1	1	1

FICHAS (COMPOSIÇÃO E DECOMPOSIÇÃO)

10 000	10 000	10 000	10 000	10 000	10 000

1 000	1 000	1 000	1 000	1 000	1 000

100	100	100	100	100	100	100	100
100	100	100	100	100	100	100	100

10	10	10	10	10	10	10	10	10	10
10	10	10	10	10	10	10	10	10	10

1	1	1	1	1	1	1	1	1	1
1	1	1	1	1	1	1	1	1	1

FRAÇÕES

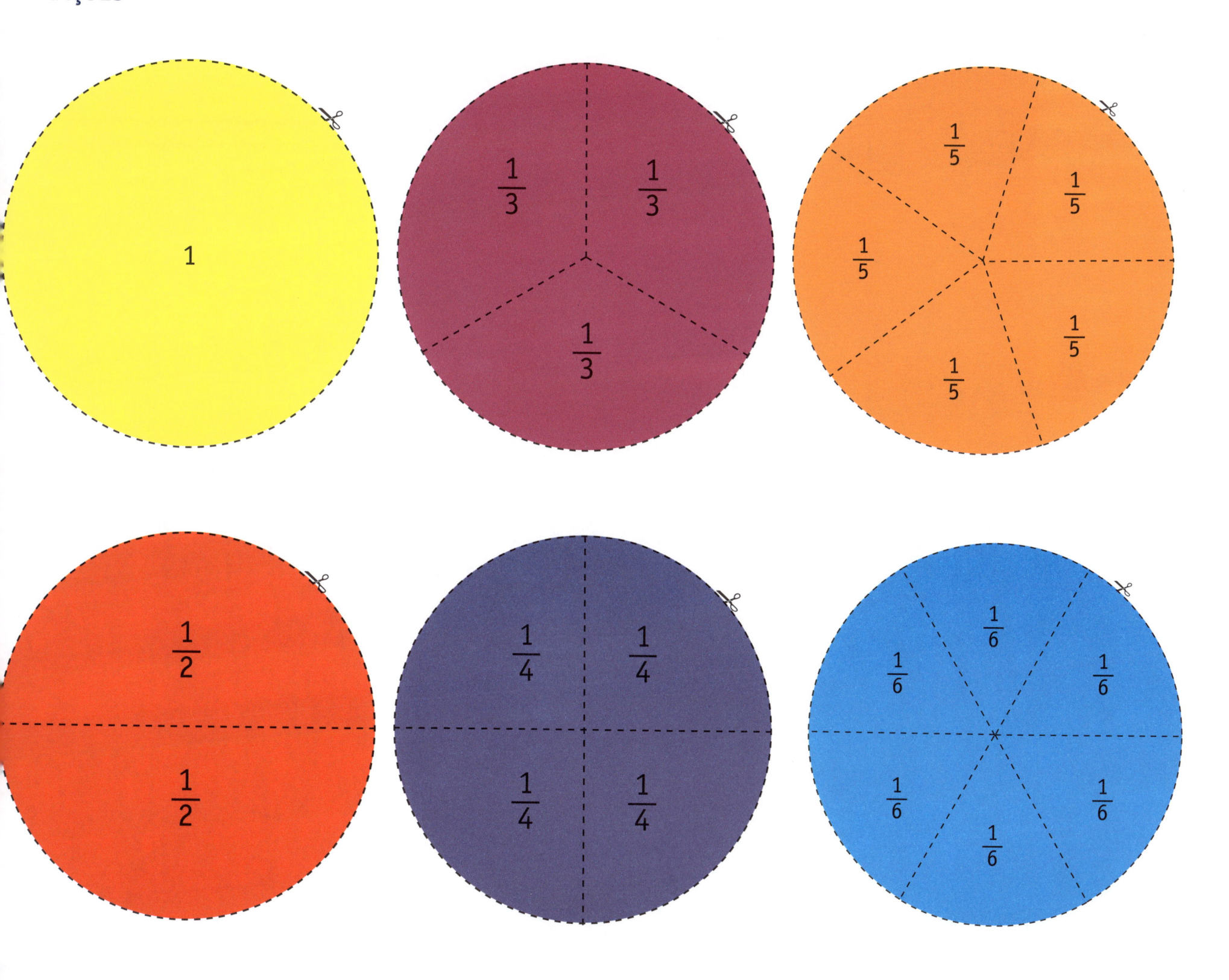

1	$\frac{1}{3}$, $\frac{1}{3}$, $\frac{1}{3}$	$\frac{1}{5}$, $\frac{1}{5}$, $\frac{1}{5}$, $\frac{1}{5}$, $\frac{1}{5}$
$\frac{1}{2}$, $\frac{1}{2}$	$\frac{1}{4}$, $\frac{1}{4}$, $\frac{1}{4}$, $\frac{1}{4}$	$\frac{1}{6}$, $\frac{1}{6}$, $\frac{1}{6}$, $\frac{1}{6}$, $\frac{1}{6}$, $\frac{1}{6}$

FRAÇÕES

FAIXAS COLORIDAS

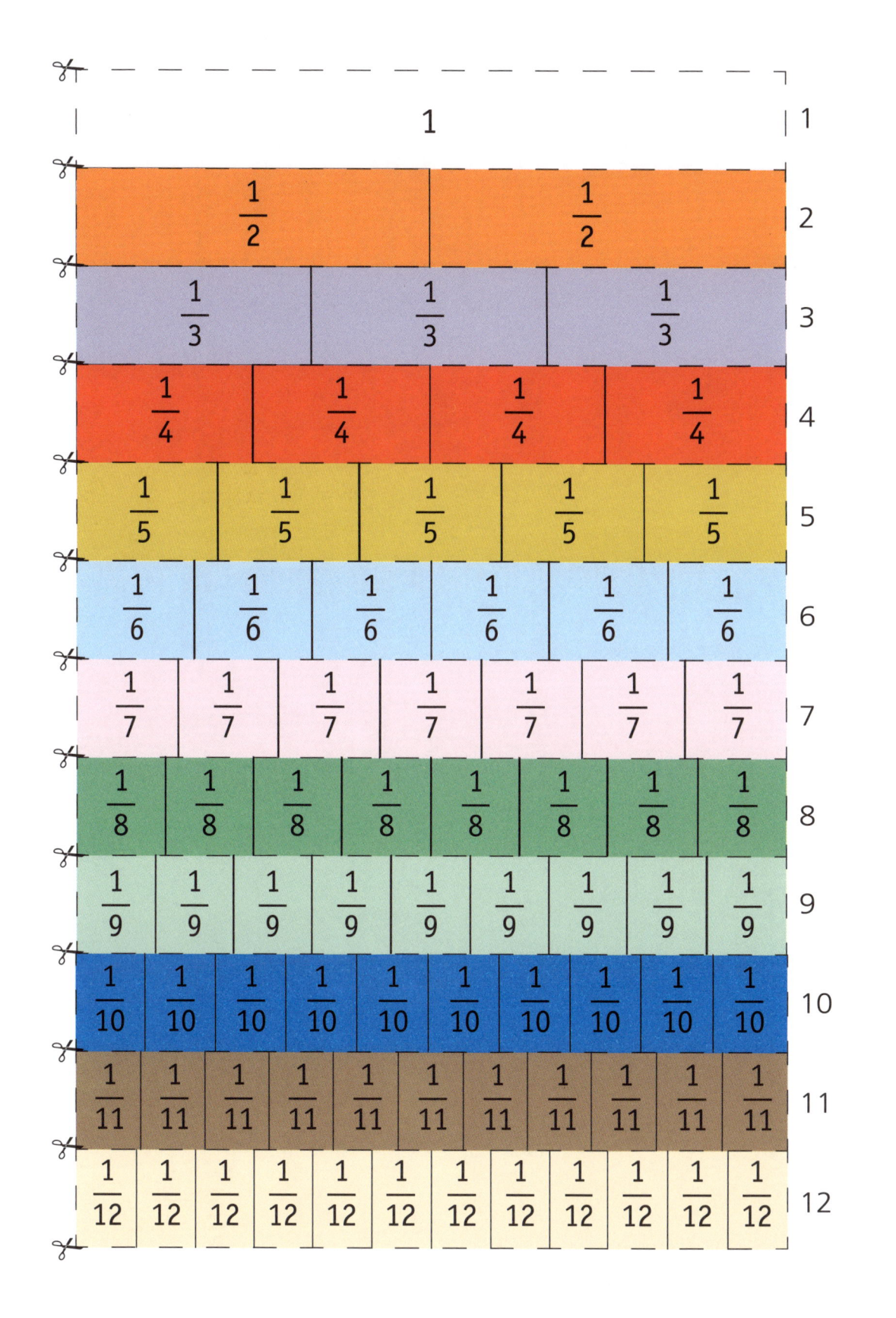

✂ — — RECORTAR

1											1
$\frac{1}{2}$						$\frac{1}{2}$					2
$\frac{1}{3}$				$\frac{1}{3}$				$\frac{1}{3}$			3
$\frac{1}{4}$			$\frac{1}{4}$			$\frac{1}{4}$			$\frac{1}{4}$		4
$\frac{1}{5}$		$\frac{1}{5}$		$\frac{1}{5}$		$\frac{1}{5}$		$\frac{1}{5}$			5
$\frac{1}{6}$		$\frac{1}{6}$		$\frac{1}{6}$		$\frac{1}{6}$		$\frac{1}{6}$		$\frac{1}{6}$	6
$\frac{1}{7}$	$\frac{1}{7}$	$\frac{1}{7}$		$\frac{1}{7}$		$\frac{1}{7}$		$\frac{1}{7}$		$\frac{1}{7}$	7
$\frac{1}{8}$	$\frac{1}{8}$	$\frac{1}{8}$	$\frac{1}{8}$	$\frac{1}{8}$		$\frac{1}{8}$		$\frac{1}{8}$		$\frac{1}{8}$	8
$\frac{1}{9}$	$\frac{1}{9}$	$\frac{1}{9}$	$\frac{1}{9}$	$\frac{1}{9}$	$\frac{1}{9}$	$\frac{1}{9}$	$\frac{1}{9}$	$\frac{1}{9}$			9
$\frac{1}{10}$	$\frac{1}{10}$	$\frac{1}{10}$	$\frac{1}{10}$	$\frac{1}{10}$	$\frac{1}{10}$	$\frac{1}{10}$	$\frac{1}{10}$	$\frac{1}{10}$	$\frac{1}{10}$		10
$\frac{1}{11}$	$\frac{1}{11}$	$\frac{1}{11}$	$\frac{1}{11}$	$\frac{1}{11}$	$\frac{1}{11}$	$\frac{1}{11}$	$\frac{1}{11}$	$\frac{1}{11}$	$\frac{1}{11}$	$\frac{1}{11}$	11
$\frac{1}{12}$	$\frac{1}{12}$	$\frac{1}{12}$	$\frac{1}{12}$	$\frac{1}{12}$	$\frac{1}{12}$	$\frac{1}{12}$	$\frac{1}{12}$	$\frac{1}{12}$	$\frac{1}{12}$	$\frac{1}{12}$	12